古风化妆造型

从入门到精通

微凉长安（张杨）——编著

人民邮电出版社

北京

图书在版编目（CIP）数据

古风化妆造型从入门到精通 / 微凉长安编著. -- 北
京 : 人民邮电出版社，2021.9
ISBN 978-7-115-56824-3

Ⅰ. ①古… Ⅱ. ①微… Ⅲ. ①化妆－造型设计－基本
知识 Ⅳ. ①TS974.12

中国版本图书馆CIP数据核字(2021)第128621号

内 容 提 要

这是一本综合而全面的古风化妆造型专业教程，以基础知识为框架，由易到难进行讲解，案例形式和风格多种多样，让读者全面感受古风化妆造型这门艺术的魅力，领略千年古风之美，并学会自我创作。

全书分为9章，包含古风化妆造型基础、妆容基础、发型基础，以及日常风格发型案例、写真风格造型案例、复原风格发型案例、神话风格造型案例、时尚主题造型案例和古风饰品制作。第一至三章将化妆造型中的基础知识、基本技巧及一些"疑难杂症"类问题做了系统梳理，并且进行了细致讲解。第四至八章结合造型的不同风格、不同手法、不同难易程度，辅助大量图文，对日常接触的古风造型进行了讲解，使读者能够了解风格类型，并准确抓取重点难点，轻松快速地学习并掌握古风化妆造型。为了使读者的学习更全面，第九章对常见的古风饰品的制作进行了详细讲解。此外，本书针对技法操作和案例演示配有教学视频，旨在进一步提升读者的学习体验，让读者更全面、细致地掌握本书所教授的内容。

本书适合古风化妆师、古风爱好者学习，也适合有一定造型经验的化妆师提升技能，还适合作为相关造型培训机构的教材。

◆ 编　著　微凉长安（张杨）

责任编辑　赵　迟

责任印制　马振武

◆ 人民邮电出版社出版发行　北京市丰台区成寿寺路 11 号

邮编　100164　电子邮件　315@ptpress.com.cn

网址　https://www.ptpress.com.cn

北京九天鸿程印刷有限责任公司印刷

◆ 开本：889×1194　1/16

印张：19.25　　　　　　　　2021 年 9 月第 1 版

字数：664 千字　　　　　　　2024 年 8 月北京第 6 次印刷

定价：189.00 元

读者服务热线：(010)81055410　印装质量热线：(010)81055316
反盗版热线：(010)81055315
广告经营许可证：京东市监广登字 20170147 号

· 25 ·　　　· 26 ·　　　· 27 ·　　　· 29 ·　　　· 32 ·

· 60 ·　　　· 63 ·　　　· 65 ·　　　· 68 ·　　　· 71 ·

· 101 ·　　　· 113 ·　　　· 116 ·　　　· 120 ·　　　· 124 ·

· 128 ·　　　·132 ·　　　· 138 ·　　　· 144 ·　　　· 150 ·

· 156 ·　　· 164 ·　　· 170 ·　　· 176 ·　　· 184 ·

· 190 ·　　· 198 ·　　· 208 ·　　· 214 ·　　· 218 ·

· 224 ·　　· 230 ·　　· 238 ·　　· 246 ·　　· 254 ·

· 262 ·　　· 270 ·　　· 276 ·　　· 282 ·　　· 288 ·

我常常和负责本书造型拍摄的摄影师开玩笑说，从时间调配到反复修改，这本书的诞生经历了太多的磨难。不过也正是这些磨难，促使本书日臻完善。经历了将近一年时间的创作，我的这本古风造型教程终于要与大家见面了。

从事古风化妆造型工作的这些年，我发现许多化妆师是在没有进行专业且系统的理论与实战培训的情况下就去从事古风造型工作的，往往这些化妆师的造型理念缺乏专业理论支撑，操作上也多是机械地临摹和复制，做出的造型也总是出现这样那样的问题。基于此，我编写了本书。本书严格遵循初学者的学习规律，详细地安排了有关古风造型的所有知识点。针对一些比较容易混淆或需要深入掌握的知识点，本书做了全面概括，相信能助想要入门或在化妆造型之路上进阶的读者一臂之力。

很多人对"化妆师"的定义停留在化完妆容、做完造型就可以了，其实不然。作为一名合格的化妆师，除了要求熟练掌握造型理论、造型技法外，还要对造型整体的风格设定，以及服饰、配饰的选择具有比较清晰的创作概念，这样创作出来的作品才是有"灵魂"的，更耐人寻味，且经得起考验与推敲。基于此，本书的造型案例在介绍操作之前，我把每一个案例的创作背景、搭配理念及操作要点都做了比较详细的分析，以便读者能够清楚每一个造型的制作，并全面提升自己的造型水平。

此书的顺利出版离不了许多人的帮助，感谢参与本书制作拍摄的模特，以及摄影师和后期师@我是411、@星雨starry。有了他们的全力支持与帮助，书中的每个造型才能以更精致的效果呈现在大家面前。

另外不得不说的是，化妆师这个职业是辛苦的，并且是需要长期坚持才能做好的。在学习和自我提升的过程中，希望大家始终保持初心，让我们一起喜欢美、欣赏美、创作美。

微凉长安
2021年4月

1300多年前的盛唐人物究竟风采如何？微凉长安以极大的热情和执着，让1300多年前的唐朝人物从画中袅袅走出。没有她的巧手，我们就难以通过《我是唐朝人》这档文化节目再现并感受到唐朝人物的风采。再次感叹这样的艺术作品是如微凉长安这样细致、专业的造型师做出来的。她能够将她在古风化妆造型方面的研究成果结集出版，是古风爱好者和造型从业者，乃至影视行业的幸运。我们需要美，更需要浸润了人文主义的美，谢谢微凉长安的执着与专注。

叶祖丽　优酷《我是唐朝人》总制片人

有幸和微凉长安一起讨论设计过我的神话类形象。我们在很多方面一拍即合，能在作品人物形象的表现上达成共识。这种共识并不是具体到细枝末节的，而是根源方向性的一致，这在我以往的拍摄合作中是很难遇见的。微凉长安是一个富有热情并有执着专业追求的专业妆造设计师，这些个性特点完整地反映在这本书中。从具体内容来看，这本书相比同类图书有更细致的分解步骤。我看过本书部分案例的拍摄现场，结合内容来看，这本书更难能可贵的一点就是没有过重的后期修容。我个人不太喜欢部分妆造教程过度依赖数码后期修容来达到妆造效果，这可能会对读者产生误导。本书在这方面做得很好，读者可以清楚地看到一个优秀的造型师是怎么把灵感与想法一步一步落实到造型中的，并清楚地看到精致的化妆造型在人身上呈现出来的效果。

长安花　概念古风摄影师/大学摄影老师/POCO人像摄影红人/米拍2018年度摄影师/创域摄影社区联合创办人

微凉长安的名字是从朋友的口中得知的，那时候因为要去西安开设拍摄课程，朋友推荐了她，说她化妆很不错，事实证明也是如此。从那之后的三年时间我和微凉长安陆陆续续都有合作。她是个对工作很严谨负责的人，我的拍摄对妆造有很高的要求，她在每一次造型前都会细心地画好妆造设计图并与我沟通想法，而且还会为了拍摄准备一大堆的首饰。她也是一个很拼命的人，能熬夜做三四个人的造型，一天能做十二个造型，能连续一个月不休息，坚持每天工作。在我认识她的这三年里她进步速度惊人。这本书中的所有内容都是她的经验积累。为了这本书的撰写，她自掏腰包请模特从外地"飞"过来，然后另请摄影师拍照修图。有时候为了拍摄的场景更丰富，她还会提着满满一箱首饰和服装专门去外地，从她身上我看到了成长、努力、坚韧、专业、责任及梦想。这本书能顺利出版便是对她最大的回报。同样，我希望每一位购买此书的读者，也能像微凉长安一样，坚持自己的梦想，相信努力总会有回报。

蝈蝈小姐　《"十全拾美"——唯美人像摄影与后期指南》作者/湖南卫视《全员加速度》《幻乐之城》特邀摄影师

　　我知道微凉长安是在微博上。当我在网上看到由她打造的唐代古风造型时，就被深深吸引了。掩藏在精致的妆容手法之下的，是她对于历史细节的考究和古风妆造极致的热爱。经她一双巧手装点后，似乎每个人都能够穿越回一千多年前的大唐盛世。从初唐到盛唐，再到晚唐，妆容的变化透射出一个黄金时代的开启、繁华与落幕，更能让我们获得与历史时空的沉浸式交流。非常期待与微凉长安的下一次合作，祝愿她和她的团队永葆初心，一往无前。

王正浩　优酷文化节目《我是唐朝人》总导演/广播电视学博士 纪录片导演

　　在正式认识微凉长安之前，我就听说过她的名字。认识她的朋友都跟我说她是一个很努力且很有艺术追求的造型师。欣赏她的作品，总会让人觉得仿佛是古代画卷中的人从画中走到了现实中。大多数人都能发现美、认识美，而创造美却是一件非常不容易的事。我觉得化妆和摄影是互通的，技术固然重要，但审美能力更为重要。我非常欣赏微凉长安在妆造上的审美，她的审美是非常精准的，精准到眉毛的弧度、眼线的粗细、颜色的选择、发丝的环绕……她的每个妆造都极具特色和韵味。为了创作出好的作品，微凉长安也付出了很多艰辛，她敢想敢拼，为了热爱义无反顾。这就是我认识的微凉长安，和我的座右铭一样"饮冰十年，难凉热血"。希望每一位拥有这本书的读者，都能从这本书里学到自己想学的东西，感受到美与热爱。

流云蕊　微博人气摄影师　POCO人像摄影红人

　　在拍摄古风作品的这几年，我深切体会到，妆造这件事是质感与审美缺一不可的。空有一丝不苟的精致，容易陷入呆板；只在意泼墨挥毫的表达，也常常会在细节处显得潦草。而微凉长安就能权衡、把握得很好。过硬的专业技术和对细节的追求让她的作品拥有稳定的质量。从传统意蕴中取材结合现代美感而表达出的独特，使她的作品充满生机。书中的内容也是微凉长安多年心血与经验的凝结，详尽非常，相信也一定会使初学者受益非常。

扶卮　微博人气摄影博主

目 录

古风化妆造型基础

第一章

在开始学习古风妆造技法之前，我们要先了解古风化妆造型的基础知识。理论知识是支撑优秀古风化妆造型的"骨架"，只有先掌握这些理论，才能更好地掌握造型的方法和技巧，将脑海中的造型设计灵感与巧思充分地展现出来。

化妆的基本概念和作用

在进行具体的化妆学习之前，对化妆的基本概念有一个正确的认知是必要的，这样有利于我们在造型时建立一个完整的造型理念与体系。

化妆的基本概念

人类从远古时期就知道使用天然材料装扮自己，他们会将天然的矿石磨成粉末或将天然的植物磨成颜料，在脸上或身上进行描绘，他们也会利用动物羽毛、骨头等装饰自己。

经过几千年演变，无论是化妆材料还是种类都更加丰富了。那么到底什么才是化妆呢？

简单来说，化妆是一门修饰艺术。在日常生活中，我们习惯根据不同的场合选择不同的装扮，以起到藏缺扬优、美化自我形象的作用。古风化妆是化妆中的一个类别，具体又可以细分为日常古风化妆、写真古风化妆、舞台古风化妆、婚礼古风化妆等。其中，写真古风化妆应考虑到相机及后期"吃妆"的问题（上镜和后期会让妆感变淡），前期要适当加重妆感，同时保持干净清爽的妆面细节。婚礼古风化妆应考虑到新娘当天持妆时间较长，且会与来宾近距离接触，妆面应持久服帖、不脱妆，同时保持底妆清透且妆感自然。

化妆是一个美化形象的辅助手段，除了要突出人物美的部分，也要注意遮盖其缺点。同时，我们要清楚，虽然化妆是一个美化形象的辅助手段，但是它仅仅属于外在修饰，和医美（即医疗美容）等美化手段是有本质区别的。

化妆的作用

化妆是一门藏缺扬优的艺术，那化妆的作用是什么呢？笔者从以下两个方面进行解释。

打底的作用

通俗来讲，打底就是我们所说的上底妆。好的打底讲究清透、干净和自然，并且起到改善皮肤发红或暗沉问题及遮盖皮肤瑕疵（如痘印、黑眼圈等）的作用。除了这些，调整面部比例也属于底妆作用的一部分。在打底过程中，通过使用阴影、高光等方法可以重新强调面部的比例关系，同时在原有面部比例并不理想的地方上妆进行调节，使面部比例看起来更加理想。

彩妆的作用

打底结束以后，进入彩妆打造环节。笼统来说，彩妆的打造要求做到扬长避短，矫正不足。每个人面部或多或少都有一些优点和缺点。在通过底妆调整好面部比例后，我们需要去观察面部，然后突出面部最美的部分，遮盖或修饰有缺陷的部分。

认识脸

了解完化妆的基本概念之后，我们就要根据不同人的面部特点去设计妆容。想要快速认清并判断出不同人的脸部特点，对脸形及面部比例的认识就显得至关重要了。

脸形

在日常生活中，我们所见到的人的脸形都是各不相同的。因此在化妆造型前，我们要先观察人的脸形，再进行化妆。在这里，将人的脸形分为6种进行分析和讲解。

鹅蛋脸

鹅蛋脸也称倒三角脸，在古风造型中是一种被认为近乎完美的脸形，能适应各种造型风格。在针对不同脸形的古风造型中，在一些条件允许的情况下，化妆师习惯将脸形尽量调节至接近鹅蛋脸。

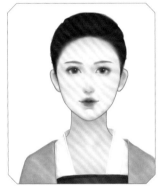 

脸形示意图　　　　　　　　　　　　　　　　造型搭配示意图

长脸

长脸具有横向窄、纵向长的特点，显得人成熟且理智，但缺乏少女的活泼感。在搭配发型时，建议发髻在脸两侧或做成偏髻，又或者是用头发在额前修饰，如此可以从视觉上将脸部偏上区域拉宽，使脸形看起来更接近于标准脸形（鹅蛋脸）。不宜搭配细长型的发型，否则会从视觉上进一步拉长脸形。

圆脸

圆脸一般给人单纯、可爱的感觉，但是缺少温婉感。做这类造型不要过分追求将其调节成标准脸形，而应适当保留圆脸给人的单纯、可爱的印象。造型上可以充分露出额头，发顶可以做高发髻，以从视觉上适当拉长脸形，两侧将碎发收服帖，减少视觉上碎发造成的膨胀感。

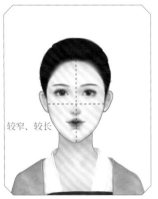 

较窄、较长

脸形示意图　　　　　　　　　　造型搭配示意图

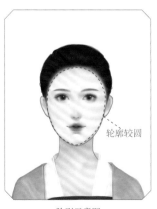 

轮廓较圆

高髻拉长脸形

充分露出额头

收碎发

脸形示意图　　　　　　　　　　造型搭配示意图

方脸

方脸一般下颌角较明显，颧骨较凸出，给人严肃、偏男性化、不够柔和的感觉。在造型时应避免选择有棱角感的发型，而应选择带有一些弧度感的发型，如此可以从视觉上削弱脸部的棱角感。同时，可以在脸颊两侧留少许发丝制造轻盈感，并使观者的视线从下颌角上转移。

正三角脸

正三角脸一般额头比较窄，下颌角棱角明显。在造型时可以在头顶使用较大的垫发包，适当加宽头顶包发髻，然后将下方头发收干净，只在两鬓留少许发丝即可，如此可以从视觉上削弱下颌角的棱角感。同时，选用不对称发型也可以从一定程度上削弱下颌角的棱角感。

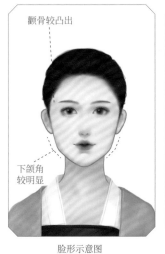

颧骨较凸出

下颌角较明显

脸形示意图

发型轮廓注意柔和

留出少许发丝

造型搭配示意图

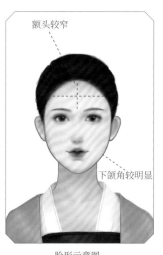

额头较窄

下颌角较明显

脸形示意图

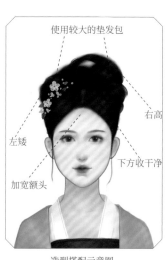

使用较大的垫发包

右高

左矮

加宽额头

下方收干净

造型搭配示意图

菱形脸

菱形脸一般特点为太阳穴凹陷和颧骨凸出。造型时可以在两侧太阳穴附近使用较大的垫发包，使之看起来更加饱满，或使用中分刘海遮挡太阳穴凹陷处及凸出的颧骨，并用卷发棒将刘海烫卷，增加刘海美感，转移观者注意力。

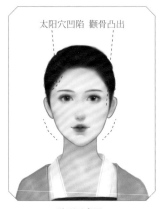

太阳穴凹陷 颧骨凸出

脸形示意图

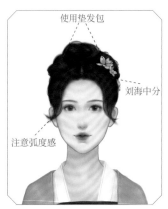

使用垫发包

刘海中分

注意弧度感

造型搭配示意图

> **提示** 除了以上提到的这6种脸形，还有一些常见的脸形特点或脸形问题。例如，当人额头高或发际线高时，可以使用刘海进行遮挡，切忌搭配过大的垫发包做发型，当然也可以用垫发包对额头或发际线进行部分遮挡。又如，在人鼻梁突出使五官中轴线线条过硬的情况下，可以有意识地加宽脸颊两侧的头发，而避免将顶部头发处理得过高，如此可使造型整体线条柔和，并将观者的注意力引至两侧，降低面部中轴线的存在感，从而降低鼻梁太过突出带来的不良影响。

三庭五眼

在日常生活中，我们会发现有些人虽然脸形、五官长得差不太多，但是会给人不同的感觉。其主要原因在于五官比例的差别。针对这点，这里讲解一个概念，那就是"三庭五眼"。

三庭：指脸的长度比例，从前额发际线到眉骨、从眉骨到鼻底、从鼻底到下巴分别为上庭、中庭、下庭。

五眼：指脸的宽度比例。以眼睛长度为单位，把脸宽度分为5等份。从右侧发际线至左侧发际线为五个眼宽的距离，两眼之间有一个眼宽的距离，两眼外侧至两侧发际线为一个眼宽的距离。

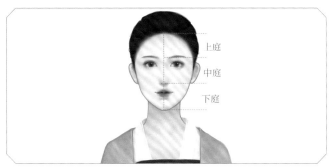
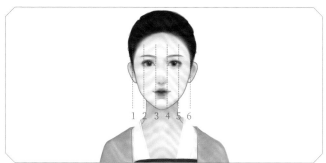

　　在日常造型中，需要按照"三庭五眼"的标准去对人物的五官进行调节。

　　针对三庭的调节，抓住三庭保持1：1：1的原则，例如，当中庭过长时会显得人老气，此时可以通过修改鼻子阴影位置、调整眉形、增加卧蚕的方式调节中庭长度，使之适当变短且与上庭和下庭相协调。

　　针对五眼的调节，大部分情况下可以通过改变眼睛大小和眼间距来完成，例如，提亮眼角、加深鼻影、将眉毛向眉心方向调整等。此处要注意，脸颊外侧一个眼宽的距离是指外眼角到两侧发际线的距离，在整体造型过程中，通过选择大小不同的垫发包也可以快速调节五眼比例。

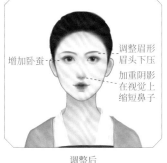

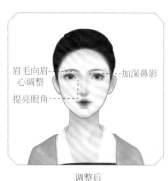

调整前　　　　　　　　　　调整后　　　　　　　　　　调整前　　　　　　　　　　调整后

四高三低

　　有时候即使通过化妆造型甚至医美手段使面部满足了"三庭五眼"的比例标准，但面部依旧感觉不够精致。其原因可能是单一地考虑了面部平面比例关系，而忽略了立体关系。针对面部立体关系的表现与处理，这里讲解另一个概念，那就是"四高三低"。

　　四高：指额头、鼻尖、唇珠、下巴尖。

　　三低：指山根（鼻额交界处）、鼻下人中沟、唇与下巴交界处。

　　在造型过程中，虽然化妆师无法改变"四高三低"的关系，但是正确且清楚地认识"四高三低"这个概念，并使用化妆品的色彩对面部的明暗、凹凸和高低层次进行调节，就可以让面部呈现出较好的立体感、精致感。

提示 在实际生活中，由于不同人的骨骼大小、脂肪薄厚不同，肌肉感存在一定差异，除了"四高三低"，面部其他部位也可能存在着一些不理想的凹凸关系。针对此，我们就需要认真观察，并根据实际情况做调节。

　　总体来说，面部凹凸结构过于明显，会显得棱角分明、硬朗严肃，并缺少女性的柔和感。但是凹凸结构不够明显，则面部表情会给人感觉不够生动，甚至给人肿胀假面感。在调节的过程中，要根据设计的角色特点把握好调节尺度。

护肤/妆前护理/卸妆

在介绍"护肤"这个概念之前，我们首先要弄清楚"皮肤"的概念。皮肤是人体最大的器官，指包裹在身体表面的生理组织。人的皮肤通常从14岁开始慢慢退化，大概25岁之后，皮肤的新陈代谢就会日益缓慢，角质层会逐渐堆积变换，再加上人自身的激素、不良生活习惯、错误的保养方式，以及外界环境污染、紫外线照射等，都会影响皮肤的健康，导致皮肤出现问题。

护肤前需要认清皮肤种类，我们可以大致地将皮肤分为以下5种类型。

油性皮肤： 油脂分泌比较旺盛，额头、鼻子、鼻翼、下颌容易泛油光，皮肤毛孔粗大且常常因为肤质厚硬而显得不光滑。

干性皮肤： 油脂分泌较少，皮肤白皙干燥，缺少光泽，毛孔通常细小而不明显，容易产生细小皱纹，尤其是眼周毛细血管表浅且易破裂，对外界的刺激比较敏感，易发色斑。

敏感性皮肤： 皮肤角质层较薄，对外界刺激特别敏感，易过敏，脸上易发红血丝（通常由明显扩张的毛细血管所致）。

中性皮肤： 皮肤不干不油，有光泽，有弹性，细腻光滑，基本没有痘痘、毛孔粗大、黑头明显、细纹色斑等皮肤状况。

混合性皮肤： 兼有油性皮肤和干性皮肤的特点，通常是面部T区（指额头、鼻子、口、下颌所形成的T形区域）呈油性，其余区域呈干性。

护肤

了解了皮肤的种类和特点之后，我们可以根据不同肤质选择不同的妆前产品护理脸部皮肤，为打造妆面做好准备，使化妆后呈现一个好的妆效。

在护肤时，推荐使用高保湿护肤产品，使皮肤水润、有光泽且柔软，同时也可以使用按摩手法辅助护肤品吸收，并且起到按摩消肿的效果。

> **提示** 针对敏感性皮肤，在护肤时慎用含酒精、水杨酸等成分的刺激性护肤品，否则容易发生过敏情况。

护肤的具体操作如下。

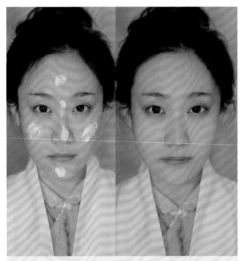

01 取适量爽肤水或精华润肤，皮肤较干的情况下可以少量多次的形式多润几次。

02 取适量高保湿护肤乳点涂在脸上，并以打圈或逆皮肤毛孔方向的方式将护肤乳按摩至完全吸收。

03 从这一步开始，我们要对皮肤进行消肿按摩。首先使用指腹点按眼眶周围，注意力度要适中，过大会使皮肤泛红，过小会使按摩无法达到预期效果。

04 用指腹对图中虚线所示区域进行点按，力度可以比点按眼眶周围时稍大，以帮助眼睛外轮廓消肿，同时使眉眼轮廓更加立体。

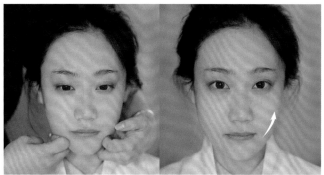

05 用中指和食指弯曲贴着下颌骨轮廓，然后顺着图中箭头所示方向轻柔地进行提拉按摩，根据水肿情况反复进行几次，帮助消除水肿，恢复下颌骨附近的线条。

06 用中指和无名指顺着下巴轻柔提拉至太阳穴处的发际线处，根据水肿情况反复进行操作，帮助消除水肿，恢复下颌骨附近线条的紧致感。

提示 人脸部浮肿的原因通常有自身体质、天气变化等。在进行脸部消肿按摩之前，一定要使用护肤乳或按摩油，确保皮肤足够湿润。在皮肤干燥的情况下按摩皮肤，极易拉扯皮肤，造成皮肤泛红甚至损伤。

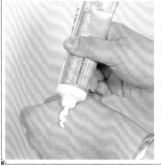

妆前护理

　　基础的护肤和按摩之后，根据不同的肤质选用适合的妆前产品对脸部进行妆前护理。不同类型的皮肤，妆前护理使用的产品也有差别，用适合的产品才能更好地完成妆前护理工作，让皮肤达到一个比较好的妆前状态。

　　油性皮肤： 妆前护理的重点是抑制油脂的分泌，建议使用有较强控油能力的妆前产品，并着重针对易出油区域进行控油护理。

　　干性皮肤： 妆前护理的重点是缓解紧绷感，建议使用含高保湿成分的妆前产品，尽可能减少产生细小的干纹或出现卡粉甚至脱皮的现象。

　　敏感性肌肤： 妆前护理的重点是保证不过敏，建议使用保湿且不含酒精或其他刺激成分的妆前产品。

　　中性皮肤： 妆前护理的重点是保持皮肤原有状态的均衡与滋润，使皮肤纹理更细致，方便后期上妆。

　　混合性皮肤： 妆前护理的重点主要是抑制T区的油脂分泌，以及对双C区域进行保湿。T区建议使用有较强控油能力的妆前产品，双C区域建议使用高保湿的妆前产品。除此之外，还要考虑随着地点或季节的变化，皮肤的实际状态也是不一样的。例如，我国北方一年四季环境都比较干燥，人的皮肤也相对干燥一些；我国南方整体比较湿润，人的皮肤也可能相对湿润一些。再从季节角度来说，夏季天气炎热，人的皮肤通常更容易出油，因此妆前护理的重点可能在于控油；秋冬季节则凉爽，人的皮肤也不那么容易出油，但是容易干燥，需要保湿。

提示 进行妆前护理时，常用到一些带有修正肤色功能的妆前产品，通常紫色妆前产品适用于全脸提亮，绿色妆前产品适合修正偏红皮肤，红色妆前产品适合修正发黄皮肤；含硅成分的妆前产品适合毛孔较大的皮肤，可以起到隐形毛孔的作用；含提亮成分的妆前产品可以使皮肤有光泽，且呈现清透立体的底妆效果。
　　在造型过程中，可以根据肤色不同选择合适的妆前产品进行肤色修正，使脸部呈现出较好的肤色状态和效果。

卸妆

对皮肤护理来说，卸妆也是很重要的，不正确的卸妆手段和手法会导致彩妆卸不干净而残留在脸上，长此以往会造成皮肤出现暗沉和毛孔粗大等问题，还会拉扯损伤肌肤。

目前，市面上常见的卸妆产品有以下4种。

卸妆乳：指液体形态的溶剂型卸妆产品。质地一般较为温和，除了卸妆作用，还能起到滋润皮肤的作用。

卸妆油：指一种加了乳化剂的油脂类卸妆产品。一般去除彩妆能力较强，但是在卸妆过程中需要将其充分按摩并与水混合进行乳化（即卸妆油从无色透明到白色乳液状），否则卸妆能力会打折扣，也容易造成毛孔堵塞。

卸妆水：卸妆水是用于卸除淡妆的水剂卸妆产品。质地一般较为温和，需要搭配卸妆棉使用，但在卸妆过程中使用不当容易因卸妆过度而出现皮肤敏感泛红的情况。

水油混合卸妆液：指混合乳化剂油脂类和液体形态的溶剂型卸妆产品，常常用于眼、唇区域的卸妆。

下面进行卸妆流程演示。在实际过程中，需根据不同肤质和情况选择卸妆产品。

卸妆的具体操作如下。

01 将眼唇卸妆液摇均匀后，倒在卸妆棉上一些。

02 闭眼，将带有眼唇卸妆液的卸妆棉在眼睛上敷 30 秒后，轻柔地擦拭卸去眼影。

03 将化妆棉垫在眼睑上，使用蘸有卸妆液的棉棒轻柔地卸去睫毛上的睫毛膏。

04 用新的卸妆棉取眼唇卸妆液，在唇部轻敷 30 秒，轻柔地擦拭卸去唇妆。

05 使用化妆棉取卸妆液轻柔擦拭全脸，直至全脸卸妆干净。

06 使用洁面产品打出绵密泡沫，清洁全脸。

07 用清水清洁全脸后，用洗脸巾擦去多余水分。

08 使用滋润型护肤乳均匀地涂护全脸对皮肤进行保湿处理，卸妆完毕。

妆容基础

第二章

妆容是每一个化妆造型学习者必须要学习的基础知识。本章针对妆容基础进行详细且全面的讲解，先介绍古风造型中常用的化妆品与工具，然后针对化妆造型中的一些重要知识点和常见问题进行全面讲解，包括底妆、眼妆、眉妆、面部修形、腮红、唇妆、手绘花钿等技巧，并结合案例进行巩固练习。

常用化妆品与工具

古风化妆造型常用的化妆品与工具分为底妆类、彩妆类、工具类3种类型。

底妆类

底妆类产品包括隔离产品、粉底产品、遮瑕产品、定妆产品等。

隔离产品： 在上粉底之前使用，起到提前修饰皮肤肌底的作用。根据不同的造型需要，可以选择使用保湿、控油、修色、抚平毛孔、提亮等不同功效的隔离产品。

粉底产品： 分为粉底液、粉底霜和粉底膏，并分有不同的色号和功效。

粉底液延展性能好，轻薄自然，服帖性也很好，是造型中使用较多的一种粉底产品。

粉底霜相对粉底液有更好的遮瑕性，但是妆感容易厚重，在造型中需要较专业的手法才能达到轻薄透亮的妆效。

粉底膏遮瑕性强，但是妆感厚重，在打造复原风格的妆面或需要大面积瑕疵的情况下会用到。

遮瑕产品：眼部遮瑕多选用滋润款，根据不同需求可以选择修色款或肤色款，建议职业化妆师两种都备有。

定妆产品：有干粉类型的，也有液体类型的。其中干粉类型的定妆产品在效果上一般分为亚光和珠光；液体类型的定妆产品更保湿，且同样在效果上分为亚光和珠光。具体可以根据不同需求进行选择。

彩妆类

彩妆类产品包括眼影、眼线笔、眉笔、睫毛膏、腮红、口红等。

眼影：眼影产品的种类非常多。按质地分有亚光、珠光、偏光、土豆泥等，按色系分有大地色系、红色系、橘色系、粉色系等，这里提到的这几种色系的眼影是古风化妆造型中经常用到的。

眼线笔：古风化妆造型中一般以黑色、棕色眼线笔为主。

眉笔： 古风化妆造型中一般以黑色、棕色眉笔为主。

提示 市面上也有眉粉等眉妆产品。眉粉方便塑造雾蒙蒙的眉毛效果，眉笔更方便塑造根根分明的眉毛效果。

腮红： 有粉状、膏状、液体的。古风化妆造型中以大地色系、红色系、橘色系、粉色系这几个色系为主。在复原造型中，膏状腮红用得比较多。

修容产品： 主要有膏状的和粉状的。古风造型中，在需要塑造雾蒙蒙柔美的感觉时，一般会选择使用粉状的修容产品。

睫毛膏： 种类和颜色比较多，古风化妆造型中多选用纤长黑色的睫毛膏。当然一些特殊的古风造型也会用到其他颜色的睫毛膏。同时睫毛膏可以搭配睫毛打底使用，效果会更明显。

口红： 市面上口红的种类比较多，可以根据自己的使用习惯和偏好进行选择。

高光产品： 塑造面部的立体感、通透的效果，也能使皮肤富有水光感。目前市面上有很多不同质地的高光产品，如高光粉、高光膏等，可以根据实际需求购买使用。

提示 注意，亚洲人肤色偏黄，通常需要选择灰棕色调的修容产品，改善皮肤色调。

工具类

工具类产品包括套刷、海绵、粉扑、睫毛夹、眉刀、剪刀等。

套刷： 市面上的套刷常见的刷毛有动物毛和纤维毛。动物毛的毛刷抓粉能力强，刷毛更柔软；纤维毛的毛刷性价比较高，可以根据自己的需求选择。

①海绵和②粉扑： 海绵有很多形状，也有不同的软硬程度，软一点的适合搭配粉底液、粉霜上妆，硬一点的适合搭配粉底膏上妆，根据需求使用即可。粉扑主要作为定妆和化妆时的指垫使用，防止蹭花妆面。

①睫毛夹： 睫毛夹主要用于夹翘睫毛。亚洲人眼窝一般都不够深邃，选择睫毛夹时注意选择平缓弧度的睫毛夹，搭配局部睫毛夹处理眼角等不易夹到部分睫毛。

②剪刀： 可以多准备几把，根据需要区分使用，修剪头发、眉毛、皮筋等。一般剪头发或眉毛的剪刀要锐利一些，剪皮筋等可以使用钝一些的剪刀。

③镊子： 属于常用工具，辅助粘假睫毛和双眼皮贴等。

④眉刀： 分为手动和电动两种类型。手动眉刀的刀头需要随着使用频率及时更换新的，以保证刀头锐利，钝的刀头容易刮伤皮肤。

底妆

底妆是塑造妆容的第一步。化妆的作用中有很大一部分就是打底的作用，挑选适合的底妆产品，选用合适的底妆工具，搭配正确的手法有助于塑造好的肌肤观感，能为后续彩妆塑造打下良好的基础。

用粉底液处理底妆

在古风造型中，粉底液凭借其滋润、上妆服帖且妆感自然等特点，成为使用较多也较广泛的一种底妆产品。下面，针对不同的肤质和妆感需要，讲解4种具有代表性的底妆的处理方式。

干性皮肤的处理

干性皮肤主要特点就是干，皮肤容易有紧绷感。尤其是在冬季，皮肤会变得更加干燥，也容易出现干纹，甚至脱皮的现象，因此干性皮肤的补水工作就是重中之重。

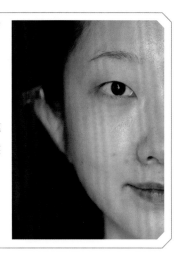

◀ 操作要点 ▶

从基础护肤开始，既要有针对性地补水保湿，针对脱皮部位可以用厚涂的方式解决，同时选用含高保湿成分的隔离和粉底，以及用湿润的海绵蛋辅助上妆，后续持续加强保湿；在粉底中适当加入高光提亮液，使皮肤呈现隐隐光泽，塑造水光肌的妆效；该模特脸部皮肤肤色不均，有黑眼圈，需要一并处理。

◀ 操作过程 ▶

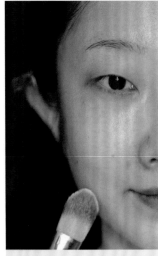

01用舌形刷将护肤乳均匀地涂在脸部，打圈按摩至吸收，避免上妆时皮肤过于干燥，部分脱皮干燥部位厚涂护肤乳，等待15分钟，直至吸收。

02用高保湿的隔离均匀涂抹全脸至吸收。

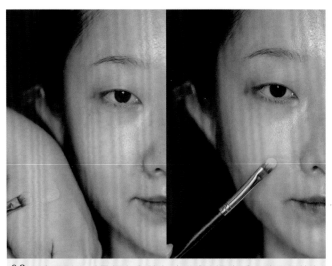

03用遮瑕刷取适量绿色和肤色遮瑕膏，混合后用遮瑕刷均匀涂抹在鼻翼的泛红处。

04 将粉底液混合提亮液点涂在脸上，用湿润海绵蛋轻柔拍打并涂抹均匀。

05 用遮瑕刷取三文鱼色遮瑕膏遮盖黑眼圈。

06 用散粉刷取含保湿成分的散粉，轻柔点按全脸定妆。

搭配完整妆面后的效果。

搭配完整造型后的效果。

油性皮肤的处理

油性皮肤因为容易出油，整体妆感如果处理不适当，会给人一种妆感粗糙、不均匀甚至脏兮兮的感觉。尤其到了夏日，出油厉害的区域经常会造成花妆。

◀ 操作要点 ▶

选用控油成分的隔离和底妆产品；在上完底妆后，用含控油成分的散粉定妆；针对容易出油部位，用烘焙定妆法进行处理；整体妆容完成后，用含控油成分的底妆喷雾再次进行定妆。

◀ 操作过程 ▶

01 用舌形刷取护肤乳，均匀地涂在脸上并按摩至吸收。

02 选用一款含控油成分的隔离，均匀涂抹全脸。

03用粉底刷取控油成分的粉底液，朝一个方向均匀涂刷脸部。

04取三文鱼色遮瑕膏对黑眼圈进行遮瑕。

05取大量控油散粉，对眼下及面部容易出油区域采用烘焙定妆法按压定妆。

06等待3~5分钟，扫去面部多余散粉，并进行全脸定妆。

提示 烘焙定妆是指使用较多的散粉（散粉的量根据使用面积和皮肤出油状况决定）按压在需要定妆区域，等待3~5分钟后扫去多余的散粉，此方法适用于皮肤较油，需要干爽亚光妆面的造型。

搭配完整妆面后的效果。

搭配完整造型后的效果。

痘痘肌或瑕疵皮肤的处理

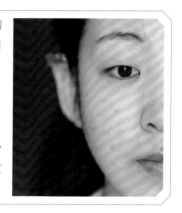

痘痘肌和瑕疵皮肤是我们在化妆过程中常常会遇到的一种情况。针对这类皮肤的处理，注意尽量对面部瑕疵进行修饰，但不应该只追求遮瑕效果，最终的目的是塑造自然且不"假面"的底妆。

◀ 操作要点 ▶

针对瑕疵比较多的皮肤，可以将遮瑕放在上底妆之前，先进行局部遮瑕，再用粉底液进行全脸肤色均匀处理。瑕疵皮肤容易受刺激，需要选用不含刺激成分的底妆产品。

◀ 操作过程 ▶

01 选用不含刺激成分的肤色隔离涂抹全脸。

02 取肤色遮瑕膏点涂在痘痘上，边缘用遮瑕刷的刷柄末端晕开。

03 使用粉底刷取强遮瑕效果的粉底液，按皮肤纹理均匀涂刷脸部，全脸均匀地上完粉底液后，在上一步涂抹遮瑕膏的区域，使用粉底刷取粉底液轻柔点按，继续进行遮瑕。

04 将肤色和绿色遮瑕混合后点涂在痘痘上，边缘用遮瑕刷的刷柄末端晕开。

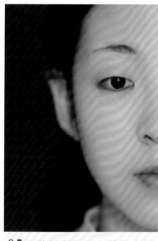

05 用散粉刷取亚光散粉点按全脸定妆。

搭配完整妆面后的效果。

搭配完整造型后的效果。

轻薄立体底妆的处理

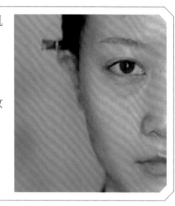

在皮肤状态较理想的情况下，可以上轻薄立体的底妆，塑造自然清透且类似裸肌感的妆面效果，同时强调面部的立体感。

◀ 操作要点 ▶

底妆越轻薄，对皮肤本身状态的要求越高，所以妆前一定要做好护肤；在上底妆时，使用深浅不同的两色粉底液塑造面部立体感；最后混入提亮液，使底妆富有光泽，增加皮肤的通透感和立体感；该模特有眼袋、泪沟等，需要一并处理。

◀ 操作过程 ▶

01用舌形刷将护肤乳均匀地涂抹至吸收，避免上妆时皮肤过于干燥。

02用含珠光成分的隔离涂抹全脸，塑造皮肤清透、有光泽的感觉。

03用跟肤色差不多的粉底液点涂皮肤，用海绵蛋均匀轻拍，涂抹全脸。

04用浅一色号的粉底液点涂脸部内侧皮肤，用海绵蛋均匀轻拍涂抹。

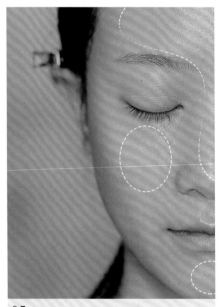

05用浅色粉底液混合提亮液，点涂图中虚线所示的区域，并用海绵蛋轻拍，塑造面部的立体感。

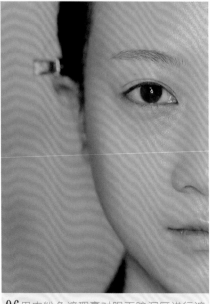

06用肉粉色遮瑕膏对眼下暗沉区进行遮瑕提亮，注意与粉底自然衔接晕染。

提示 这一步涂抹的区域如下图虚线范围所示，涂抹后可与步骤03颜色稍深的粉底液进行深浅对比，初步塑造面部的立体感。

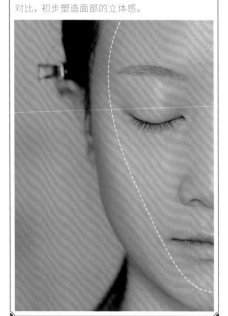

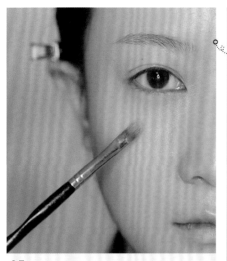

提示 注意，这一步涂抹的区域是眼下暗沉区域的暗面。对暗面进行提亮，使其在视觉上变成亮面，可以起到消除泪沟的作用。进行此步时尽量保证光源从正面投向面部，通过明暗关系对立体面缺陷进行修补。当光源方向改动较大时，进行过遮瑕的泪沟有可能又会出现，这是正常现象。

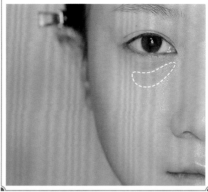

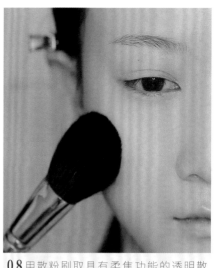

07 在眼下最暗沉的区域及泪沟处涂具有提亮效果的淡黄色遮瑕膏，慢慢向上晕开，并以少量多次的形式慢慢叠加。

08 用散粉刷取具有柔焦功能的透明散粉，在面部轻柔拍打，进行全脸定妆。

搭配完整妆面后的效果。

搭配完整造型后的效果。

用粉底膏处理底妆

　　粉底膏的遮瑕能力强，通常在进行大面积遮瑕时使用。但粉底膏膏体不可避免地存在厚重的问题，对上妆手法要求也较高。下面，分析和讲解用粉底膏处理底妆的方法。

写真风底妆的打造

　　在化妆过程中碰到有整体肤色发暗或痘痘较多等问题的皮肤时，需要正确使用粉底遮瑕疵，同时修正皮肤颜色，这时可以选择粉底膏进行打底。粉底膏遮瑕力较强，但往往妆感较重，写真风格妆造对底妆轻薄自然程度要求较高，在使用粉底膏做底妆时需要使用合适的产品及正确的上妆手法，以保证高遮瑕力，同时塑造底妆轻薄感。

◀ 操作要点 ▶

　　瑕疵较多的皮肤必须做好基础护肤，护肤时可选用高保湿的妆前产品，使后期底妆更加服帖；用三角海绵取粉底膏，通过手腕的力量反复轻柔地拍打皮肤，使粉底既能起到遮瑕作用，又能保持轻薄的状态，避免出现妆感厚重或卡粉的现象。

◀ 操作过程 ▶

01 用护肤乳均匀涂抹脸部至吸收，避免上妆时皮肤过于干燥。

02 将保湿精华滴在粉底膏上面，并进行适当混合。

提示 粉底膏伴侣——精华，搭配粉底膏使用，可以增加粉底膏保湿性，使粉底膏上脸后延展性更好，更服帖。

03 用三角海绵取混合好的粉底膏，均匀按压在皮肤上，进行全脸上妆。

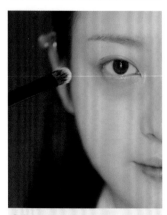

04 用橘色遮瑕膏均匀点涂内眼角和黑眼圈区域。

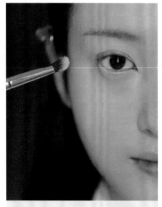

05 用黄色遮瑕膏涂在橘色遮瑕膏上，调和和提亮黑眼圈区域。

06 用浅一个色号的黄色遮瑕膏对泪沟区域进行遮瑕提亮。

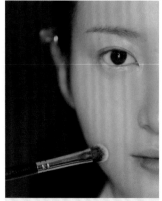

07 用遮瑕膏对面部和鼻翼两侧瑕疵进行二次遮瑕。

08 用高光膏提亮额头、山根、苹果肌、下巴区域，增强面部立体感。

09 用散粉刷取具有柔焦功能的透明散粉，在面部轻柔拍打，进行全脸定妆。

搭配完整造型后的效果。

搭配完整妆面后的效果。

复原风底妆的打造

古人对底妆的追求是肤白如脂，也就是我们常说的"三白妆"，复原风底妆在塑造时需要反复叠加多层浅色粉底，以达到白妆的效果。

操作要点

用粉底膏之前做好护肤保湿工作，然后用海绵蛋上妆，尽量减少妆面厚重感，同时用双色粉底膏塑造立体感；注意不要盲目追求"白"的效果，需要秉持"古为今用"的原则，将妆面打造成既具有复古感又符合现代审美的效果。

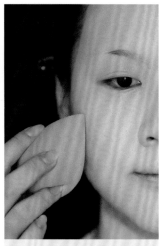

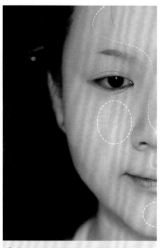

01用舌形刷将护肤乳均匀涂抹在脸部至吸收，做好前期护肤工作，使后续底妆更为服帖。

02用含保湿成分的隔离再次进行妆前保湿护肤。

03用湿润的海绵蛋取与肤色相近的粉底膏，均匀轻拍全脸上妆。粉底膏膏体较为厚重，需要采取少量多次且反复叠加的手法进行上妆。

04用湿润的海绵蛋取浅一个色号的粉底膏，均匀轻拍图中虚线所示区域，通过深浅两色粉底膏塑造面部立体感。

05用散粉刷取散粉，轻柔点按全脸，进行定妆。

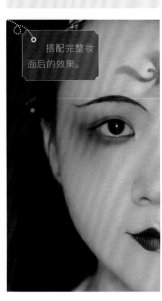

搭配完整妆面后的效果。

搭配完整造型后的效果。

眼妆

常言道："眼睛是心灵的窗户。"在造型中，合适的眼妆会使双眼更加灵动、有神，是面部妆容的亮点。而在日常生活中，我们遇到的人的眼形条件都不一样，这时候就需要用不同的手法对眼妆进行处理。

不同风格的眼妆打造

在眼妆打造过程中，通常要求眼影要富有层次，并且晕染过渡自然；睫毛弧度要自然，根根分明，清爽且不厚重；眼线需要流畅自然。下面，讲解4种不同风格的眼妆的打造方法。

日常感眼妆的打造

日常感的眼妆在追求自然妆感时使用，妆色以棕色、橘色等为主。

◀ 操作要点 ▶

以少量多次的方式取眼影进行叠加晕染，晕染时要细心，有耐心；眼线选择咖啡色，让整体妆感更自然。

◀ 操作过程 ▶

01 用大号眼影刷取浅棕色眼影，均匀平涂眼部，从睫毛根部开始，对虚线所示区域进行晕染。

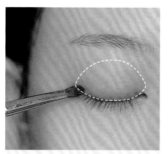

02 用小号眼影刷取浅橘色眼影，均匀平涂眼部，然后同样从睫毛根部开始，对虚线所示区域进行晕染。

03 用小号眼影刷取浅咖啡色眼影，均匀晕染睫毛根部。

04 用干净晕染刷对不同颜色眼影的衔接边缘统一进行晕染，随后用刷子上的余粉晕染下眼睑。

05 用睫毛夹分段夹翘睫毛，保证每根睫毛从睫毛根部到睫毛梢统一发力，使睫毛的弧度均匀且自然。

06 顺着夹好的弧度，从睫毛根部到睫毛梢涂抹睫毛定型液。

07 用睫毛膏从根部顺着夹好的上睫毛向上刷睫毛膏。

08 用细小刷头的睫毛膏仔细给下睫毛刷睫毛膏。

09用咖啡色眼线笔填满睫毛根部空隙，顺着眼尾弧度拉出一条眼线。

10用小号晕染刷取咖啡色眼影沿着眼线晕染，使眼妆更加自然。

11画眉毛等，调整细节。

少女感眼妆的打造

少女感的眼妆适合塑造一些活泼可爱风格的造型，妆色以粉色、橘色为主。

◀ 操作要点 ▶

眼影选择粉色，用偏光眼影强调眼中区域和卧蚕，使眼睛更大、更圆且更有神，突出少女感。

◀ 操作过程 ▶

01用大号眼影刷取浅棕色眼影，均匀平涂眼部，从睫毛根部开始，对虚线所示区域进行晕染。

02用小号眼影刷取浅橘色眼影，均匀平涂眼部，加深双眼皮褶线内和下眼睑后半区域。

03用小号锥形刷取橘色偏光眼影，涂抹卧蚕处，突出卧蚕。

04用指腹取橘色偏光眼影，在上眼睑中间点涂。

05用睫毛夹分段夹翘睫毛，保证每根睫毛从睫毛根部到睫毛梢统一发力，使睫毛的弧度均匀且自然。顺着夹好的弧度，从睫毛根部到睫毛梢涂抹睫毛定型液。

06用细小刷头的睫毛膏仔细刷上下睫毛。

07用咖啡色眼线笔填满睫毛根部空隙，顺着眼尾弧度拉出一条眼线。

08调整细节。

复古感眼妆的打造

复古感眼妆适合在一些偏古典风格的造型中使用, 妆色以红色、粉色、橘色为主。

◀ 操作要点 ▶

以少量多次的方式取眼影并进行叠加晕染, 晕染时要细心, 有耐心; 通过眼影和眼线修饰拉长眼睛形状, 塑造细长眼形的古典东方美人。

◀ 操作过程 ▶

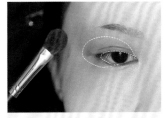

01 用晕染刷取浅棕色眼影, 在虚线所示范围内晕染打底, 此步需要在腮红操作之后进行, 使复古妆容的大面积腮红和眼影自然衔接。

02 取深色眼影加深双眼皮褶线内及下眼睑区域, 适当拉长眼尾的眼影区域。

03 刷取黄色眼影晕染在虚线范围内, 增加眼影颜色的层次。

04 用睫毛夹分段夹翘睫毛, 睫毛弧度不遮挡眼球即可。

05 用睫毛定型液涂抹睫毛, 进行定型。

06 用黑色眼线笔沿着睫毛根部画眼线, 眼尾多拉长一些, 塑造细长的眼形。

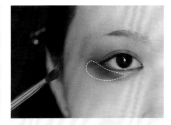

07 用小号眼影刷取深棕色眼影, 晕染在虚线区域, 再一次拉长眼形。

08 画上眉毛, 调整腮红浓度和细节。

浓艳华丽感眼妆的打造

浓艳华丽的眼妆适合在一些偏华丽和魅惑风格的造型中使用，建议妆色以红色为主。

◀ 操作要点 ▶

用珠光眼影强调眼部，叠加偏光眼影增强眼睛灵动感；用红色眼线笔在眼尾画花钿，使眼尾有上扬魅惑的效果。

◀ 操作过程 ▶

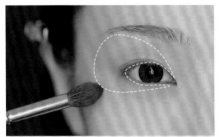

01 用大号眼影刷取浅棕色眼影，均匀晕染虚线范围。

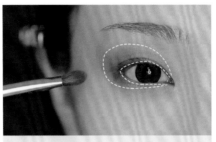

02 取肉橘色眼影，加深双眼皮褶线和眼尾区域。

03 用小号眼影刷取红色眼影，加深眼尾并稍微拉长眼尾。

04 用睫毛夹从睫毛根部发力夹翘睫毛。

05 从睫毛根部到睫毛梢均匀涂上睫毛定型液。

06 用极细睫毛膏从睫毛根部到睫毛梢顺着涂上下睫毛。

07 用黑色眼线笔填补睫毛根部，眼尾适当拉长眼线。

08 根据眼线长度，再次用红色眼影晕染拉长眼尾。

09 用酒红色眼线笔在眼角画设计好的花钿。

10 用大颗粒偏光眼影在花钿区域晕染。

提示 偏光眼影在不同角度看有不同光泽，可以突出眼睛眼波流转的特点。

11 画上眉毛等，调整细节。

眼妆打造时常见问题的处理

针对眼妆打造时的常见问题，分以下5种情况进行分析讲解。

单眼皮眼形的处理

在古风造型中，单眼皮是一种极具古典特色的眼形。在处理过程中不应该只追求放大双眼，而忽略自然而然且独特的古典美。

◀ 操作要点 ▶

用亚光眼影塑造眼睛立体感，辅助眼线等拉长眼形，突出单眼皮细长的特点，使之更具有古典特色。

◀ 操作过程 ▶

01 用大号眼影刷取亚光眼影，在虚线范围大面积均匀晕染。

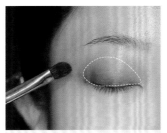

02 用中号眼影刷取深色眼影，在虚线范围内由根部向上做渐变晕染。

03 用小号眼影刷取深粉色眼影，在下眼睑由睫毛根部向外晕染。

04 用小号眼影刷取深棕色眼影，在眼尾虚线所示范围内晕染，加深眼尾。

05 单眼皮眼睛的眼皮压着睫毛根部，甚至会遮挡部分瞳孔，用睫毛夹从根部均匀发力，夹翘睫毛，露出睫毛根部。

06 单眼皮松弛的眼皮在后期容易压塌睫毛，所以在刷睫毛膏之前用定型液固定睫毛。

07 用细小刷头的睫毛膏涂刷上下睫毛。

08 用黑色眼线笔沿着睫毛根部画上眼线，注意适当拉长眼尾。

09 调整眼影细节和晕染的范围。

10 画上眉毛、腮红等，调整细节。

内双眼形的处理

内双（也称假双）是我们常常会遇到的一种眼形，用双眼皮贴调整眼形是每一个化妆师必须要学会的技能。

◀ 操作要点 ▶

使用双眼皮贴调整眼形的过程中要尽可能使模特睁开眼睛时看不到双眼皮贴，闭眼时双眼皮贴也尽量"隐形"。

◀ 操作过程 ▶

01 调整眼形之前画好眼妆，将睫毛夹翘。注意要从睫毛根部发力，夹翘的睫毛有一些支撑力，方便后期对双眼皮宽度调节有一个正确把握。

02 取一段双眼皮贴胶带，贴在食指和小拇指上，并使胶带绷直。

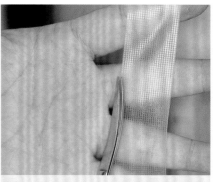

03 用双眼皮贴专用剪刀剪下一段双眼皮贴。

04 用镊子取下双眼皮贴，用剪刀修剪掉两头尖角，避免尖角刺激眼皮。

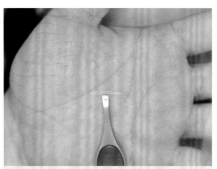

05 剪下双眼皮宽度为1~2排气孔，长度由实际眼形长度决定。

06 用镊子压着原有眼睛褶线，贴上修剪好的双眼皮贴。

07 睁眼观察弧度，将双眼皮弧度调节自然流畅。

08 用最小号的眼影刷在双眼皮贴上叠加眼影，尽量使双眼皮贴隐形。

09 调整细节，操作结束。

提示 如果追求更宽的双眼皮效果，可以在此基础上叠加双眼皮贴。

大小眼的处理

两只眼睛不对称，是我们在实际化妆过程中较常遇到的一种情况。需要使用类似双眼皮贴或其他辅助工具，将双眼调节至一样的大小。

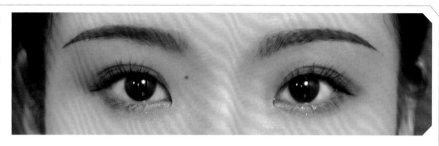

◀ 操作要点 ▶

用双眼皮贴调节大小眼时要考虑其他因素，如睫毛、眼影、眼线的共同影响，综合调整尽量使两眼大小一致。

◀ 操作过程 ▶

01在调整大小眼之前，应先完成眼妆。注意大小眼的双眼睁开时，双眼皮宽度不同，所以不需要在此环节过分强调睁眼状态眼妆的对称性，只要在闭眼之后晕染范围对称即可。

02完成眼妆之后将睫毛夹翘。注意要从睫毛根发力，且发力点一致，保持睫毛弧度自然。

03因模特自身睫毛条件非常优越，夹翘之后只需要刷上定型液即可，保持睫毛轻盈自然且根根分明的妆效。

> 提示 将睫毛夹翘后，睫毛本身是有一定支撑力的，可使双眼皮更宽，方便后期对双眼皮宽度的调节有一个正确把握。

04用下睫毛专用的睫毛膏刷出下睫毛，使眼睛看上去更大且有神。

05将蕾丝双眼皮贴刷上专用胶水，去除双眼皮贴上多余的胶水，压住眼皮褶线进行粘贴。

> 提示 如图中白色虚线所示位置为双眼皮原来的褶线，红色虚线所示位置为蕾丝双眼皮贴调整之后新的双眼皮的褶线。

06调节到合适位置之后，可以用双眼皮贴专用的胶水在双眼皮贴上轻薄地刷一层，让双眼皮贴的支撑力更持久，注意在胶水未干前让模特保持闭眼状态，防止胶水粘连眼妆。

07调节完双眼皮宽度之后，在睁眼状态下进行两边眼影范围的调整，保证睁眼状态下两边眼影晕染范围和深浅一样。

08画上眼线，调整眼影的范围，操作结束。

肿眼泡的处理

眼睛上眼皮如果脂肪较多,会压迫睫毛根部,遮挡部分眼球,视觉上会让人感觉有些浮肿,肿眼泡往往会使人看着不精神,在化妆时需要使用合适的化妆手法调整眼形。

◀ 操作要点 ▶

使用亚光眼影进行层次晕染,用假睫毛提供支撑力,同时贴双眼皮贴;处理肿眼泡时一定不要用珠光眼影,而要用亚光眼影加深轮廓,减弱眼睛的肿胀感,必要时可以用假睫毛支撑出双眼皮消除肿胀感。

◀ 操作过程 ▶

01 用大号眼影刷取亚光眼影,在虚线范围内大面积均匀晕染。

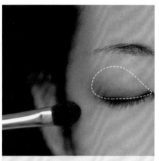

02 用中号眼影刷取深色眼影,在虚线范围内由睫毛根部向上做渐变晕染。

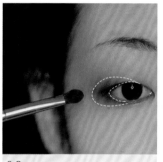

03 用小号眼影刷取深棕色眼影,在下眼睑和眼尾区域晕染。

04 用睫毛夹将睫毛从根部发力夹翘。

05 用睫毛定型液仔细刷上下睫毛,使睫毛保持卷翘弧度。

06 选用一条自然款透明梗假睫毛粘在睫毛根部。

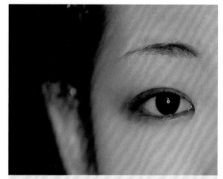

07 贴上刷好胶水的蕾丝双眼皮贴,因为粘了假睫毛,所以双眼皮可以很容易被支撑起来。

08 在蕾丝双眼皮贴上刷上眼影,使蕾丝双眼皮贴更隐形。

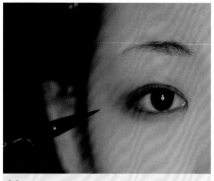

09 沿着睫毛根部画一条细细的眼线。

10 调整眼影的范围和细节,画上眉毛,操作结束。

真假睫毛的混合粘贴处理

在一些特殊风格的妆造中，如古风新娘妆，常常需要新娘的眼睛大且有神，这就需要假睫毛的辅助，使双眼在视觉上更好地被放大。

◀ 操作要点 ▶

挑选适合风格的假睫毛，将其修剪成一小段一小段的进行粘贴，如此打造出的睫毛会更加自然，令人感到舒适，同时也不容易出现假睫毛脱落的现象。

◀ 操作过程 ▶

01 准备好符合妆容风格的假睫毛、托板、3M胶带、剪刀和镊子。

提示 假睫毛根据风格不同有很多种类，在实际操作中可根据需要选择，然后搭配胶水使用。

02 将3M胶带粘贴在托板上，然后将上睫毛如图所示粘贴在胶带上。

03 用剪刀沿着胶带均匀地将假睫毛剪成6段左右。

04 剪去下睫毛两头多余的部分，然后粘贴在胶带上。

05 用剪刀沿着胶带均匀地将假睫毛剪成6段左右。

06 调整睫毛位置，确保只有透明梗根部粘在胶带上，方便后期拿取使用。

07 在粘贴假睫毛前晕染好眼影，并保持睫毛根部干爽，用睫毛夹从睫毛根部将睫毛夹翘。注意要确保每一根睫毛都翘起来，避免后续操作时出现真假睫毛分层的现象。

提示 注意，上下睫毛粘贴至胶带处弧度的朝向不一样。

08 用睫毛定型液对从睫毛根部到末梢统一进行定型。

09 将假睫毛胶水点涂在托板上，并用镊子取应粘于眼角处的第1簇假睫毛，并在睫毛根部点涂少量胶水。

10 顺着内眼角开始粘贴假睫毛，在睁眼状态时用镊子趁胶水还完全没有干时调整弧度至满意。

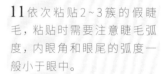

11 依次粘贴2~3簇的假睫毛，粘贴时需要注意睫毛弧度，内眼角和眼尾的弧度一般小于眼中。

提示 此处为了使真假睫毛融合得更加自然，不要用睫毛膏刷真睫毛，只用定型液固定睫毛即可。

提示 如果模特眼睛敏感一直眨眼，无法让我们正常粘贴假睫毛，则可以让模特先闭眼，粘贴好后再睁眼调整弧度。

提示 假睫毛胶水半干时是白色，完全干后变成透明，所以调节假睫毛弧度时要注意在睫毛胶水未干（即没有完全变透明）的情况下进行。

12 统一粘完上睫毛后调整弧度，根据睫毛疏密可以适当补充单根假睫毛。

13 下睫毛由眼尾开始粘，并在距离下眼睑1~2mm处粘贴，防止上下睫毛相互影响。

14 将下睫毛顺着眼尾1/4的位置慢慢粘贴至眼中位置，注意紧贴眼睑真睫毛根部，并和真睫毛混合交错。

15 选用棕色眼线笔顺着睫毛根部画眼后边1/2眼线，之后顺着眼尾弧度拉出眼线。

16 用小号眼影刷在睫毛根部和眼尾眼线处进行晕染，保证眼妆整体过渡自然，结束操作。

眉妆

　　观察一些古代画师的传世画作可以发现，古人眉毛的主要特点是细黑且弯。但是在进行古风化妆时，过度追求细黑与弯，而忽略眉毛的自然纹理感，会让整体形象过于复古老气。因此，在实际操作中，对于古典的追求要结合当代审美，秉承"古为今用"的造型态度。

　　在刻画眉毛时需要根据人物自身的五官特点，并配合妆容造型和服装风格。眉形弧度流畅、合适，颜色渐变自然，刻画出毛绒感，让人觉得眉毛细节自然，仿若天生。

　　针对眉毛的打造，分以下4种类型进行讲解。

日常眉形

　　在刻画日常古风眉毛时要注意刻画出毛绒感，使眉毛仿若天生。

◀ 操作过程 ▶

01修剪整齐眉毛并用眉刷梳理，保证眉毛的清爽。

02用灰棕色眉笔大致将眉形勾勒出来，注意眉毛的深浅变化，眉头淡一些，眉尾深一些。

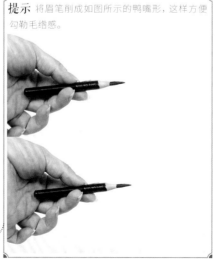

提示 将眉笔削成如图所示的鸭嘴形，这样方便勾勒毛绒感。

03用黑色眉笔按照眉毛的自然走势轻柔地、一根一根地补齐眉毛稀疏的地方，注意眉毛的疏密走向，操作结束。

古风眉形

在刻画古风眉形时可以适当拉长眉形，压低眉尾，减弱锐利感，塑造温婉的感觉。本案例中模特的眉毛是有文眉痕迹的，在处理过程中需要进行遮盖与修饰。

操作过程

01 用粉底遮盖部分文眉底色，然后用眉刷梳理眉毛，刷去眉毛上多余粉底，保证眉毛的清爽。

02 用灰棕色眉笔根据模特气质大致地将眉形勾勒出来，注意眉毛的深浅变化。

03 用黑色眉笔按照眉毛的自然走势轻柔地、一根一根地补齐眉毛稀疏的地方，注意眉毛的疏密走向。

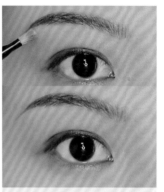

04 用修正刷取遮瑕膏遮盖多出来的文眉区域，操作结束。

提示 眉形的勾勒需要忽略模特原来文眉的眉形，设计出合适的眉形。

复原眉形

在刻画复原眉毛时需要参照传世画作，并根据当代审美，勾画创作这种独特的眉形。

操作过程

01 修剪整齐眉毛并用眉刷梳理，刷去眉毛上多余粉底，保证眉毛的清爽。

02 用灰棕色眉笔根据古风画作中的眉妆将眉形大致地勾勒出来，注意眉毛的深浅变化。

03 用黑色眉笔按照前一步勾勒区域加深眉毛颜色，注意线条要流畅，笔触末端要干净。

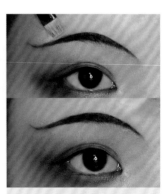

04 用修正刷取遮瑕膏涂眉形之外多余的毛发，使眉形更加流畅干净，操作结束。

男士眉形

男士眉形和女士眉形前粗后细不一样，男士是前细后粗，并且要强调线条的利落和棱角感。

◀ 操作过程 ▶

01 修剪整齐眉毛并用眉刷梳理，刷去眉毛上多余粉底，保证眉毛的清爽。

02 用浅灰色眉笔根据模特个人气质大致地将眉形填补勾勒出来。

03 用黑色眉笔按照眉毛的自然走势轻柔地、一根一根地补齐眉毛稀疏的地方，注意眉毛的疏密走向。

04 用修正刷取遮瑕膏涂眉形之外多余的毛发，使眉形更加流畅干净，最后调整眉毛细节，操作结束。

面部的修形

面部的修形主要为了强调面部的立体感，可以在相同五官条件下使面部更加生动。

鼻形修整

鼻子在五官的中心位置，好的鼻形会让整个面部立体灵动。在化妆造型时，要根据不同人的鼻形进行调整，补充不足，使面部立体感更强。

通过鼻影调整鼻形

鼻子处于脸部视觉中心点位置，与眼睛相连，因此鼻子形状的调整很重要。

调整前

调整后

操作过程

01 提前画好眼妆、眉毛，观察人物面部，会发现人物面部的山根处偏平，中庭较长。

02 用鼻影刷取浅色阴影粉，在虚线范围内大面积地晕染。

> **提示** 在修整鼻形时，可以使用双色修容粉，也可以使用合适的眼影来塑造阴影效果。

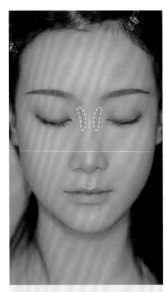

03 用小号鼻影刷在如图所示的山根处加深。

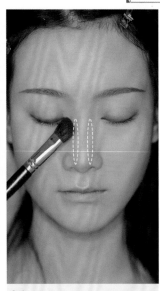

04 用鼻影刷从眉头到鼻尖均匀地将山根区域加深晕染开。

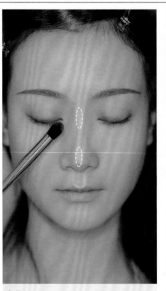

05 用高光刷取高光粉在虚线区域提亮，使鼻子更加立体。

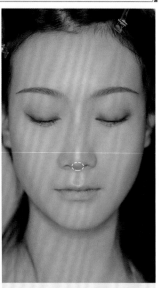

06 在鼻子下方内侧扫上阴影粉，视觉上缩短鼻子长度，从而缩短中庭。

07再次晕染，补齐口红，调整细节，鼻形调整结束。

通过眼间距调整鼻形

调节鼻子和眼睛之间的立体关系，可以使眼中和鼻子山根位置关系更加和谐。

调整前

调整后

◀ 操作过程 ▶

01提前画好眼妆、眉毛，观察人物面部，会发现人物面部山根处偏平，两眼之间距离略宽。

02用鼻影刷取浅色阴影粉，然后在虚线范围内大面积地晕染。

03用高光刷取亚光高光粉刷虚线区域，山根处略微加大用量，眼睛的眼角处也要提亮。

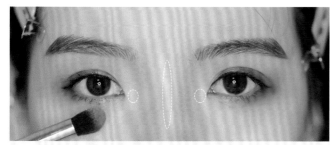

04用高光刷取珠光高光粉再次叠涂山根、眼角处，加强两眼之间立体关系。

05再次晕染，调整细节，鼻形调整结束。

高光修容

古风化妆造型虽然不会像欧美妆容那样强调轮廓感，但是也应做到面部轮廓立体，尤其是要根据不同妆容风格对脸形进行调整，使之更贴合我们所需要的效果。

女士修容

女士修容强调通过高光塑造面部的少女感，修饰面部轮廓，视觉上使面部更加立体。

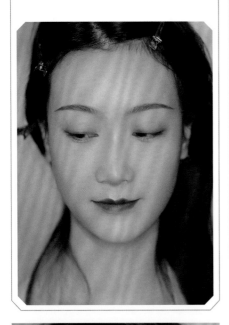

操作过程

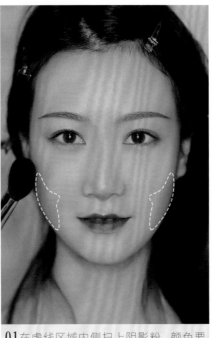

01 在虚线区域内侧扫上阴影粉，颜色要过渡、融合自然。

提示 针对该区域的处理，在处理前可以用手在颧骨下处寻找，凹陷位置为化妆刷下笔的起笔区域。

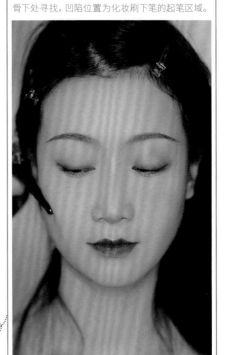

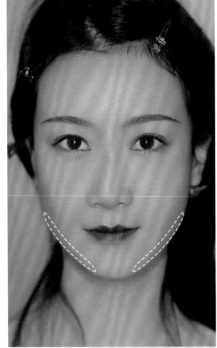

02 加深下巴附近虚线区域，与前一步阴影做好衔接晕染。

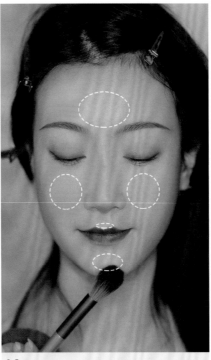

03 用高光刷取高光粉，均匀地涂虚线区域。

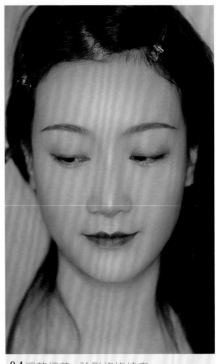

04 调整细节，脸形修饰结束。

男士修容

男士修容强调自然的轮廓关系，通过亚光高光粉强调面部轮廓，塑造自然硬朗的男士形象。

操作过程

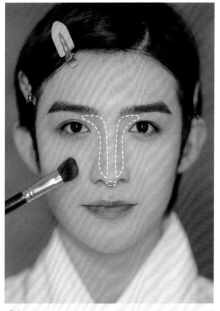

01 在虚线区域内侧扫上阴影粉，塑造立体的眉骨、鼻骨。

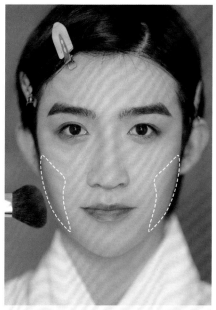

02 在虚线范围扫上阴影粉，注意和粉底过渡融合自然。对男士面部进行修容时，可适当加大阴影粉使用量，塑造男士面部棱角分明的轮廓效果。

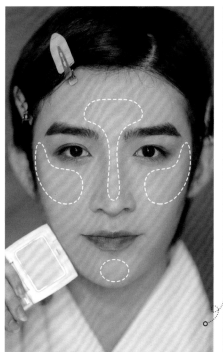

03 用高光刷取亚光高光粉，均匀涂抹虚线区域进行提亮。

提示 针对男士修容所使用的高光粉，需要尽量选择亚光的，没有亚光高光粉的情况下可以使用比肤色浅一些色号的粉底或遮瑕膏。

04 调整细节，脸形修饰结束。

画腮红

在古风造型中，腮红也是必不可少的，浅浅晕染，营造"佳人欲语还休"的娇媚感，可以增加少女感，体现人物青春活力的气息。

日常少女感腮红

少女感的腮红强调自然好气色，塑造少女粉嫩感。

01 用手指取红色腮红膏，点涂在苹果肌上。

02 用手指点按晕染开，使腮红更自然。

03 用腮红刷取粉橘色腮红叠加在腮红膏区域，并且在下巴、鼻尖和耳朵下方也扫上腮红。

04 调整妆面细节，补齐其他部分，结束操作。

古风写真感腮红

古风感腮红强调女子的娇媚感，通过和眼妆衔接的腮红晕染，塑造含羞待语的娇美感。

◀ 操作过程 ▶

01 用腮红刷取浅粉色腮红，以少量多次的方式浅浅晕染在颧骨上侧。

02 用腮红刷在眼尾位置叠加晕染，使腮红更加富有层次感。

03 用高光刷取亮珠光高光粉，叠加在苹果肌区域。

04 调整妆面晕染细节，操作结束。

复原腮红

塑造复原感腮红时，常常会使用腮红膏强调浓艳复古的妆容风格。

◀ 操作过程 ▶

01 用湿润的海绵蛋取膏状腮红，在虚线区域大面积、均匀地轻拍晕染开。

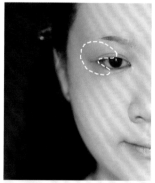

02 用海绵蛋取腮红膏，在虚线范围内轻拍叠加晕染，加深眼尾区域颜色。

03 用腮红刷取橘红色粉状腮红，叠加在膏状腮红区域并晕染边界，使其过渡自然。

04 调整妆面细节，补齐其他部分，结束操作。

唇妆的打造

唇妆在古风造型中往往可以起到改变整个妆容风格的作用。合适的唇妆和妆容搭配，可以令人眼前一亮。

日常唇妆

日常唇妆有多种，这里用两个例子进行讲解。

裸唇

裸唇适合搭配一些日常淡妆和自然裸妆。

操作过程

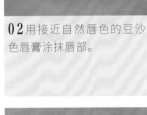

01 为了塑造唇部天然的裸唇效果，可以提前在唇部浅浅地涂一层润唇膏，塑造自然的光泽感。

02 用接近自然唇色的豆沙色唇膏涂抹唇部。

03 用唇刷均匀地晕开，唇部边缘线着重晕染，塑造天然唇色和唇形的感觉。

04 用遮瑕膏进行唇形细节修整，操作结束。

少女唇

少女妆容中的双唇强调水润感，可以使用珠光唇釉强调唇部。

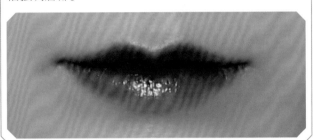

操作过程

01 用唇刷取裸粉色唇釉，在唇部均匀涂抹，注意唇峰的弧度要处理得圆润一些。

02 用一支干净的唇刷，在唇部内侧少量晕染深红色唇釉，并由深到浅逐步晕染开。

03 用偏光唇釉重点叠加晕染唇珠和下唇中间部位，其他部位晕染开即可，使唇部水润且富有光泽。

04 用遮瑕膏进行唇形细节修整，操作结束。

提示 此唇妆也适用于塑造深色唇妆时打底，或男士唇妆的打造。

古风写真唇妆

古风写真风格妆容造型中，需要的唇妆风格非常多样化，细节也很多样。这里主要用两个例子进行讲解。

满唇

满唇是古风妆容中常常会选择的一种唇妆，搭配不同颜色的口红会呈现不同的风格。

◀ 操作过程 ▶

01 用粉底液遮盖唇部原本颜色。

02 用唇刷取唇釉，在上唇峰画一个X形后勾勒出清晰的上唇峰唇形。

03 再次取唇釉，勾勒下唇唇形。

04 取唇釉勾勒完整唇形，反复叠涂使颜色更饱满，用遮瑕膏修整唇形细节，操作结束。

提示 注意上唇角弧度稍微向内侧凹陷，下唇线条饱满，唇角要有自然的延伸感，塑造一种微笑的感觉。切忌画成元宝唇，会显得人老气、呆板。

咬唇

咬唇是古风写真妆容造型中常常会用到的一种唇妆，可以起到缩小唇部的作用。

◀ 操作过程 ▶

01 用粉底或遮瑕膏完全遮住唇部。

02 用唇刷取唇釉在唇部内侧涂抹。

03 取一支干净的棉棒，将唇釉由内到外、由深到浅逐步晕染开。

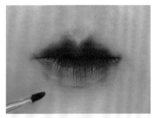

04 取唇釉加深内部颜色，注意上唇加深部位为M形。

05 用遮瑕膏修整唇形细节边缘线，操作结束。

复原唇妆

在复原古风妆容造型中，一般以传世画作中的一些古代人物的唇妆为参考，塑造复原风格唇妆。

渐变宋制唇

此唇妆参考的是宋代传世画作中的唇妆，重点是调整唇形，减少下唇厚度。

操作过程

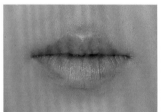

01 用粉底或遮瑕膏完全遮住唇部。

02 用唇刷取亚光唇釉，在上唇勾勒出饱满的唇形。

03 用同色唇釉点涂下唇内侧。

04 用干净的棉棒涂抹并晕染下唇。

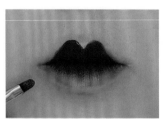

05 用唇刷取唇釉加深唇部内侧，增强渐变。

06 用遮瑕膏进行唇形的细节修整，结束操作。

提示 此方法也适用于调节下唇的厚度和距离。

唐风蝴蝶唇

此唇妆参考的是唐代传世画中的唇妆，重点是调整人中，缩短人中距离。

操作过程

01 做好滋润护理后，用粉底或遮瑕膏完全遮住唇部。

02 用唇刷取唇釉，在上唇峰画一个X形，然后勾勒出清晰唇形后反复叠涂2~3层，塑造饱满的唇部效果。

提示 模特人中较长，所以唇峰可以重新画一下，比原来的部位更高一些为宜，缩短人中距离。

03 用同样手法在下唇勾勒上下对称的唇形，并反复叠涂。

04 用遮瑕膏进行唇形细节修整，遮挡原来的唇部轮廓，结束操作。

手绘花钿

　　在古风造型中，花钿是常常会使用的一种丰富妆容细节的展示手法，合适且富有新意的花钿为妆容加分。我们应多尝试用不同的产品去画花钿，开阔思路，不受局限。

复原风格

　　在古风妆造中，根据一些妆容需求会选择传世花钿进行复原绘制，这里具体介绍两种风格。

唐代渐变花卉花钿

　　此案例参考唐代传世花钿，使用多种彩妆产品、采用多种手法绘制渐变花钿。

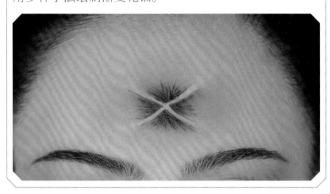

◀ 操作过程 ▶

01 手绘花钿前，保持手绘区域的亚光清爽状态，方便后续操作。

02 将修剪好的镂空花钿卡纸放在额头居中位置。

03 用眼影刷取深橘红色眼影，在卡纸中心位置轻轻晕染后，取下卡纸，观察花钿位置是否合适。

04 再次叠加卡纸，用眼影刷取深橘红色眼影，从中心到四周、由深到浅，少量多次地叠加晕染。

05 取下卡纸，用干净的眼影刷将花钿边缘晕染开，使其和粉底部分过渡自然。

06 用酒红色眼线笔，从花纹中心到边缘勾勒花瓣的脉络，使花钿细节更加丰富。

07 用眼影刷取少量深橘红色眼影，对花钿眼线笔描绘的脉络进一步进行晕染，使花钿颜色过渡自然。

08 修饰细节，结束操作。

栗子花卉花钿

此案例参考唐代传世花钿，使用多种彩妆产品、采用多种手法绘制多颜色搭配的花钿。

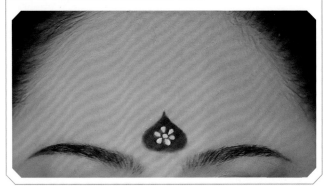

01手绘花钿前，保持手绘区域的亚光清爽状态，方便后续操作。

02用刷子取黄色眼影，在额头中心晕染，重点加深中间区域，塑造渐变感。

03用口红刷取亚光唇釉在额头中心点一个点，方便辅助观察花钿是否居中。

04用口红刷由中心点向下延伸，勾勒一个栗子形状的花纹，然后用亚光口红涂满。

05提前确定好区域，使用速干白色眼线膏在花纹中心区域点一个点。

06用速干白色眼线膏以前一步的点为中心点，勾勒6瓣花瓣。最后检查细节，结束操作。

写真风格

在大部分古风写真风格的造型中，会在传世花纹的基础上进行二次创作，设计更加符合现代审美的花钿，下面具体介绍两种风格。

唐代梨花花钿

此案例参考唐代梨花花纹，以现代审美加以修饰，勾勒如同梨花轻盈落入眉尖的花钿。

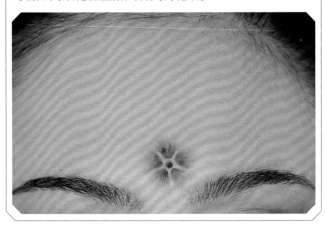

操作过程

01手绘花钿前，保持手绘区域的亚光清爽状态，方便后续操作。

02确定好额头中心位置，用取有红色亚光唇釉的眼影刷刷柄在额头中间轻轻地点一个小小的点。之后仔细观察，如果不居中，卸去重新点。

03 以前一步的点为中心点，围绕一圈，用唇刷取红色亚光唇釉均匀勾勒出5朵花瓣的根部。

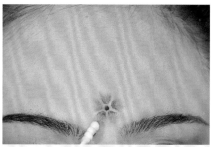

04 用一支干净的棉棒从花瓣根部向外由深到浅、轻轻地晕染开。

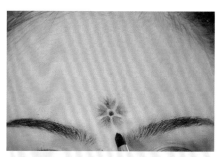

05 用唇刷取红色亚光唇釉，顺着花瓣细致勾勒出脉络，使花钿的底妆花瓣更加逼真。

06 取一支干净的棉棒，从花瓣中间到边缘由深到浅轻轻地晕染开，使花瓣的边缘给人似有若无的感觉。

07 用遮瑕刷取粉底液，将花钿中心和花瓣边缘勾勒干净、清晰，再调整修饰细节。

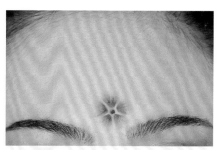

08 检查细节，结束操作。

唐代纹样花钿

　　此花钿参考唐代传世纹样，重新勾勒、晕染设计而成。

◀ 操作过程 ▶

01 手绘花钿前，保持手绘区域的亚光清爽状态，方便后续操作。

02 确定好额头中心点位置，用唇刷取红色亚光唇釉，在额头中间点下一笔。之后仔细观察，如果不居中，卸去重新点。

03 用唇刷将上一步的点扩充画成一个类似菱形的图形。在前一步的基础上扩画，可以较大限度地保证花钿位置的居中。

04 用酒红色眼线笔在图形下方和左右两侧画提前设计好的图案，要注意勾画时尽量保持图案的对称性。

05 用酒红色眼线笔在菱形上方的左右两侧画设计好的卷草纹，画这类花纹要注意弯曲处弧度的自然过渡。

06用酒红色眼线笔在菱形上方两侧画设计好的花纹，在最上方画一个小小的类似三角形的图形，注意中轴线的对称。

07用唇刷取红色亚光唇釉，在花钿部分位置填补颜色，再取一支干净的棉棒，将唇釉由深到浅轻轻地晕染开，使花钿颜色过渡更自然，细节更丰富。

08调整细节，结束操作。

特殊风格

除了一些传统古典花纹，我们还可以根据现代审美并结合一些特殊产品进行点缀，设计更加独特的花钿。

珍珠花卉花钿

此花钿参考传世花纹绘制，辅助珍珠进行点缀，保证整体古韵，同时使花钿更加灵动。

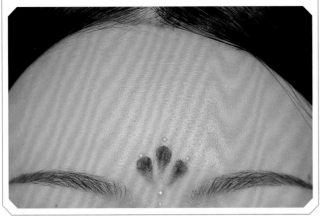

操作过程

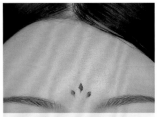

01手绘花钿前，保持手绘区域的亚光清爽状态，方便后续操作。

02确定好额头中心点位置，用唇刷取红色亚光唇釉在额头中间点下对称的3笔。之后仔细观察，如果不居中，卸去重新点。

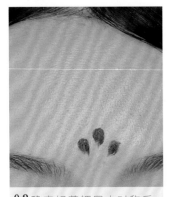

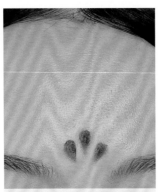

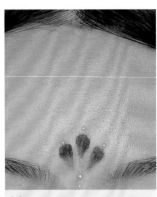

03确定好花钿居中对称后，将3笔扩画为3个花瓣的形状，注意3个花瓣统一朝向中心。

04用一支干净的棉棒沿着花瓣从末端到根部由深到浅轻轻地晕染开。

05用唇刷取红色亚光唇釉再次加重花瓣末端颜色，增强花钿渐变感。

06用胶水贴上提前准备好的珍珠，调整细节，结束操作。

金箔锦鲤花钿

此花钿参考锦鲤设计，通过深浅晕染，塑造鱼鳍灵动感，点缀金箔增加亮点。

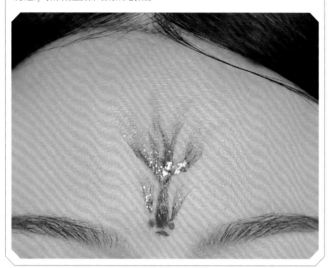

01 手绘花钿前，保持手绘区域的亚光清爽状态，方便后续操作。

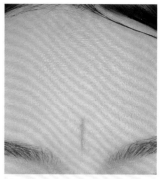

02 用唇刷取红色亚光唇釉，浅浅地在额头中间画一条竖线。之后仔细观察，如果不居中，卸去重新画。

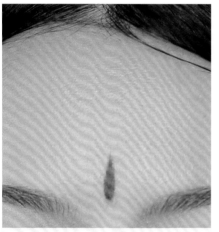

03 确保上一步绘制的竖线居中对称后，将竖线扩画成一个长长的水滴形状。

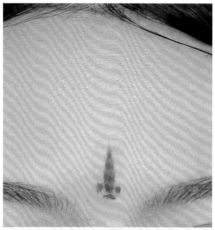

04 画出锦鲤的嘴和眼睛，不用完全对称，有一点不对称会突出锦鲤的灵动感。

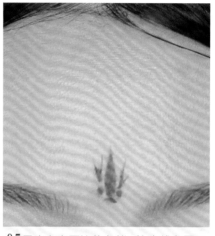

05 画出左右两边的鱼鳍，注意线条要画出流动感，不需要完全对称。

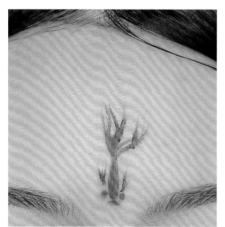

06 在水滴末端画出尾鳍，为了塑造尾鳍的层次感，不同鱼鳍可以画出颜色差别。

07 用一支干净的棉棒，从根部到末端晕染鱼鳍，再用唇刷强调鱼鳍脉络。

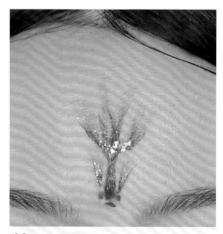

08 点缀上一些金色亮片，增加亮点。最后调整细节，结束操作。

提示 在晕染时，晕染面积可以稍微大一些，颜色淡一些，重点塑造鱼鳍薄如蝉翼、似有似无的效果。

常见风格古风妆面的打造

通过前边的学习，我们对妆容基础有了一个比较具体的了解，并且掌握了一些打造局部妆容的技巧。下面，通过对5种常见风格的妆面案例的讲解，来学习如何融合这些技巧做出好看的整体妆面造型效果。

清纯温柔感妆面

少女的容颜是三月的清纯气息，如春风般温柔环绕，此案例我们塑造清纯自然，温柔多情的妆容风格。

◀ 操作过程 ▶

01 修理好眉毛，用护肤乳均匀涂抹全脸直至吸收。

02 在粉底膏上滴上与之搭配的粉底膏伴侣，使粉底膏更滋润。

03 用三角海绵少量多次地取粉底膏，反复点按全脸、耳朵及脖颈皮肤，并均匀地拍打开，塑造无瑕的肌肤。

04 用遮瑕刷取遮瑕膏对眼下、鼻翼等暗沉区域进行提亮遮瑕。

◀ 操作要点 ▶

此款妆容重点是塑造无瑕肌肤质感，搭配清新橘粉色妆容主色调，突出温柔清纯的少女感；模特素颜时皮肤有痘痘、闭口，鼻翼两侧略微泛红，妆造时需要注意。

05 用散粉刷取散粉，涂抹全脸进行定妆。

06 用大号晕染刷取浅橘色眼影，均匀涂抹上眼睑区域。

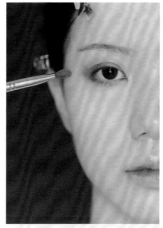

07 用中号晕染刷取浅棕色眼影，加深双眼皮褶线和下眼睑后的1/2区域。

08 用小号锥形刷取橘色偏光眼影膏涂卧蚕处，提亮卧蚕，增加少女感。

09 用指腹取橘色珠光眼影，点涂眼球上方，使双眼更加有神。

10 用睫毛夹分段夹翘睫毛，保证每根睫毛从睫毛根部到睫毛梢统一发力，使睫毛的弧度均匀且自然，从睫毛根部到睫毛梢涂抹睫毛定型液。

11 用睫毛膏从根部顺着夹好的睫毛，给上下睫毛均匀涂抹睫毛膏。

12 模特双眼眼皮不对称，辅助蕾丝双眼皮贴调整眼形至对称。

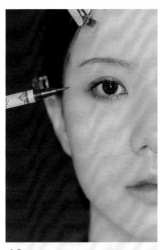

13 用咖啡色眼线笔填满睫毛根部空隙，顺着眼尾弧度拉出一条眼线。

14 用灰棕色眉笔大致地将眉形勾勒出来，注意眉毛的深浅变化。

15 用黑色眉笔按照眉毛的自然走势轻柔地、一根一根地补齐眉毛稀疏的地方，注意眉毛的疏密走向。

16 用鼻影刷取阴影粉，从眉头到鼻尖均匀地晕染，模特鼻头较大，可以在鼻头区域加大用量，从视觉上缩小鼻头。

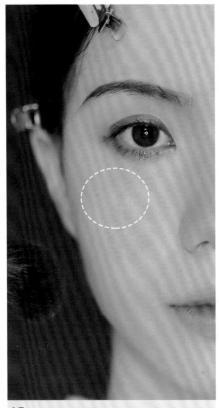

17 用腮红刷取橘粉色腮红，均匀地晕染虚线区域，塑造自然好气色。

18 在脸颊虚线所示区域扫上阴影粉，晕染至边界并使其融合自然，塑造立体脸形。

19 用高光刷取高光粉，扫苹果肌、山根及鼻头区域。

20 用唇刷在唇部由内到外均匀地涂水红色唇膏。

21 在唇部内侧叠涂上一层砖红色唇釉，增强唇部渐变感。

22 用唇刷取唇釉，在额头上画设计好的花钿，并在嘴角两侧点上笑靥。搭配整体造型，结束操作。

温婉古风感妆面

古典美人是温婉如水的，此案例我们塑造端庄娴静、温婉柔情的妆容风格。

◀ 操作要点 ▶

此款妆容重点是塑造无瑕亚光、如同水墨画一样雾蒙蒙的底妆，眉毛处理更古典柔美，突出温婉柔美，看似画中人的感觉；模特素颜皮肤较好，但有色斑，人中略长，妆造时需要注意。

◀ 操作过程 ▶

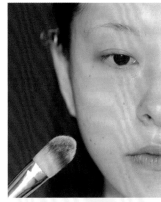

01 修理好眉毛，用护肤乳均匀涂抹全脸直至吸收。

02 用含保湿成分的隔离涂抹皮肤，再次进行妆前保湿。

03 用粉底刷取粉底液，均匀地刷皮肤。

04 用散粉刷取散粉，均匀地点按皮肤，塑造水墨画一样雾蒙蒙的底妆。

05 用大号晕染刷取浅棕色眼影，均匀涂抹眼窝区域，加强眼部立体感。

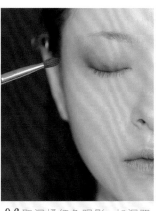

06 取深橘红色眼影，加深双眼皮褶线区域。

07用深棕色眼影均匀加深下眼睑后1/2区域。

08用睫毛夹分段夹翘睫毛，顺着夹好的弧度，从睫毛根部到睫毛梢涂抹睫毛定型液。

09用极细睫毛膏顺着夹好的弧度从根部刷出根根分明的睫毛。

10用黑色眼线笔填满睫毛根部空隙，顺着眼尾弧度拉出一条眼线。

11用灰棕色眉笔大致地将眉形勾勒出来，注意眉毛的深浅变化。

12用黑色眉笔按照眉毛的自然走势轻柔地、一根一根地补齐眉毛稀疏的地方，眉尾适当拉细长。

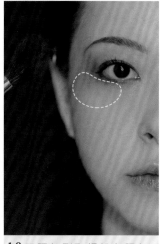

13用腮红刷取橘粉色腮红，均匀地晕染虚线区域。

14用散粉刷取散粉，点按腮红区域，塑造腮红朦胧感。

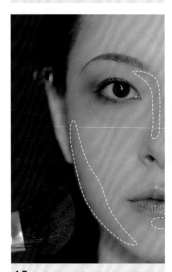

15在虚线区域内侧扫阴影粉，晕染至边界并使其融合自然。

16用高光刷取高光粉，扫太阳穴、山根、鼻尖及下巴区域。

17用唇刷取口红勾勒出大致唇形。

18用唇刷取橘棕色唇釉，加深唇部区域颜色。

19 搭配整体造型，结束操作。

华丽魅惑感妆面

眼角眉梢几多情，勾人心魄的美往往是直击心灵、令人难忘的。本案例主要讲解如何塑造华丽魅惑感的妆容。

◀ 操作要点 ▶

此款妆容重点是塑造立体且有光泽感的底妆，在眉眼处理上选择有冲击力的颜色，眼尾搭配夸张花钿，眉梢上翘，塑造魅惑感；模特素颜皮肤有较多痘印和发红痘痘，且黑眼圈较重，妆造时需要注意。

01 用舌形刷取护肤乳，均匀涂抹脸部至完全吸收，使后续底妆更为服帖。

02 在皮肤上涂含珠光成分的妆前乳，使皮肤富有光泽感。

03 用湿润的海绵蛋取粉霜，均匀地轻拍皮肤上妆。

04 用橘色遮瑕膏涂抹黑眼圈范围和眼周颜色发青的区域。

提示 痘痘肌肤在涂抹提亮液后视觉上看瑕疵会更明显，后续需要用遮瑕性较强的粉底霜进行遮瑕；如果皮肤状态较好，后续用轻薄自然款的粉底液上底妆即可。

05 将黄色遮瑕膏涂抹在橘色遮瑕膏上，使黑眼圈颜色被中和减淡。

06 用遮瑕刷取绿色和肤色遮瑕，混合点涂泛红的痘痘。

07 用散粉刷取含保湿成分的散粉，均匀地点按皮肤进行定妆。

08 用大号晕染刷在眼窝范围内扫上浅粉色眼影。

09 用小号眼影刷在双眼皮范围内扫上紫色眼影。

10 在卧蚕上扫上偏光眼影，使双眼更有神。

11 用深紫色眼影加深眼尾，使眼尾的眼影微微上扬。

12 用偏光眼影点涂上眼睑中间。

13用睫毛夹从睫毛根部分段夹翘睫毛。

14顺着夹好的弧度，从睫毛根部到睫毛梢涂抹睫毛定型液。

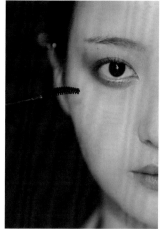

15用睫毛膏从根部顺着弧度刷出浓密且根根分明的睫毛。

16用黑色眼线笔填满睫毛根部空隙，顺着眼尾弧度拉出一条眼线。

17用酒红色眼线笔在眼尾画设计好的花纹。

18用灰棕色眉笔勾勒眉尾微微上扬的眉形。

19用黑色眉笔按照眉毛的自然走势轻柔地、一根一根地补齐眉毛稀疏的地方。

20在眉头扫上红棕色眼影，余粉顺着眉头晕染到山根两侧。

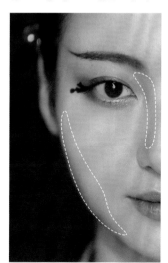

21用阴影刷取阴影粉刷虚线区域，增强面部立体感。

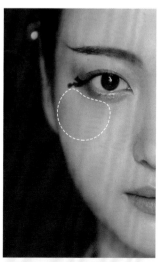

22用腮红刷取粉色腮红，均匀地晕染虚线区域。

23用高光刷取高光粉，扫苹果肌、鼻下人中沟及唇峰位置。

24用唇刷在唇部内侧点涂粉色的口红，并表现出咬唇感。

25在唇部中间叠涂一层粉色唇釉，塑造丰满的双唇。

26在面部贴其他装饰物。

27搭配整体造型，结束操作。

优雅复原感妆面

宋时壁画中常见一种满含忧愁的妆容，画中女子，眉宇之间似有哀愁，妆容端庄且极富特点。此案例我们设计一款优雅端庄的复原感妆容。

操作要点

此款妆容重点是将传世妆容融合当代审美，突出优雅高贵、古典的感觉；模特素颜皮肤有较多痘印和发红痘痘，眼皮较肿，妆造时需要注意。

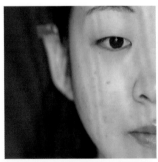

01用舌形刷取护肤乳,均匀涂抹脸部至吸收,做好前期护肤工作,使后续底妆更为服帖。

02用肤色隔离对皮肤进行修色。

03用湿润的海绵蛋取与肤色相近的粉底膏,少量多次且均匀地叠加轻拍全脸。

04用湿润的海绵蛋取更浅色号的粉底膏,均匀地轻拍虚线范围,通过深浅两色粉底膏塑造面部立体感。

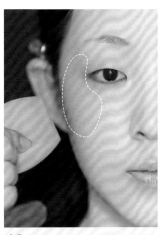

05用湿润的海绵蛋取膏状腮红,在虚线区域大面积地均匀轻拍晕染。

06用腮红刷取散粉进行定妆,塑造亚光感妆面。

07在虚线范围内用晕染刷均匀地扫浅棕色眼影打底。

08取深红色眼影加深睫毛根部区域,并用眼影拉长眼尾。

09用小号眼影刷取橘红色眼影,加深下眼睑区域。

10用睫毛夹分段夹翘睫毛,保证睫毛弧度不遮挡眼球即可。

11用睫毛定型液涂抹睫毛进行定型。

12用黑色眼线笔沿着睫毛根部画眼线,眼尾拉长一些,塑造细长的眼形。

13 用小号眼影刷取深棕色眼影，在眼线区域晕染，再一次拉长眼形。

14 参考传世眉妆，用灰棕色眉笔大致地将眉形勾勒出来，注意眉毛的深浅变化。

15 用黑色眉笔按照前一步勾勒的眉形加深眉毛颜色，注意保持线条流畅度和笔触末端干净。

16 用腮红刷为脸颊及眼尾扫上腮红，并且晕染边界使其过渡自然。

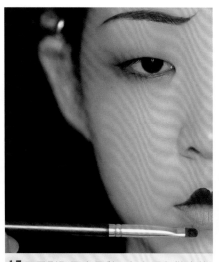

17 用唇刷取亚光唇釉，在上唇勾勒出饱满的唇形。

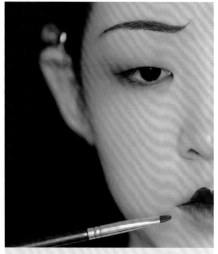

18 用同色唇釉点涂下唇内侧，用干净的棉棒涂抹并晕染开。

19 搭配整体造型，结束操作。

清爽自然感男士妆面

汉服男士妆容风格多样，但往往"陌上公子，翩翩润如玉"是我们对汉服男士的最深刻的印象。此案例我们塑造一款清爽自然的男士妆容。

操作要点

此款妆容重点是塑造自然轻薄的裸妆感，眉眼处理要干净自然，主要突出轮廓，强调立体感，避免媚态化，塑造翩翩公子、温润如玉的感觉；模特素颜皮肤略发黄，眼下略暗沉，妆造时需要注意。

操作过程

01 用护肤乳均匀肤色涂抹至吸收，做好前期护肤工作，使后续底妆更为服帖。

02 模特属于混合型皮肤，面部T区用控油隔离，其他区域用保湿隔离。

03 在粉底膏上面滴上与之搭配的粉底膏伴侣，使粉底膏更滋润。

04 用三角海绵少量多次取粉底膏，反复点按全脸、耳朵、脖颈皮肤并均匀拍打开。

05 用橘色遮瑕膏涂眼下发青区域及胡茬发青区域，进行颜色中和遮瑕。

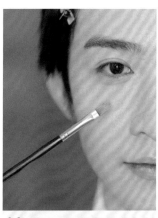

06 对眼下泪沟区域进行二次遮瑕提亮。

07 用保湿型散粉点按全脸进行定妆，在鼻头容易出油的区域用烘焙定妆法点按散粉。

08 用大号眼影刷取浅棕色眼影，晕染整个眼窝，增加眼睛立体感。

09 取棕色眼影，加深双眼皮褶线内和下眼睑后1/2区域。

10 用最小号的眼影刷取深棕色眼影，加深上下眼睑后1/3的区域。

11 在眼珠上方到眼尾的睫毛根部细细地勾勒一条内眼线，注意到眼尾结束即可，不需要拉长。

12 用极细睫毛膏从睫毛根部到睫毛梢进行涂刷，增加睫毛浓密度。男士睫毛避免过度卷翘，保持自然向下弧度的自然感即可。

13 用灰色眉笔勾勒眉毛轮廓，塑造有棱角且带坚毅感的眉形。

14 用黑色眉笔在眉毛稀疏的区域一根一根地补齐眉毛，着重塑造毛缕感。

提示 针对男士眼线的勾勒，没有特殊情况时，避免画得过粗或过长，以免破坏清爽、精神的美好形象。

15 用鼻影刷取阴影粉加深虚线，塑造立体的眉骨和鼻形。

16 用阴影刷取阴影粉，扫虚线区域，加深面部轮廓感。

17 用亚光高光膏刷虚线区域，使面部轮廓更立体。

18 在嘴上薄涂一层亚光唇釉。

19 搭配整体造型，结束操作。

发型基础

第三章

在古风造型中，妆容和发型相搭配，能更好地展示整体需要的风格。本章着重讲解发型基础，内容包含梳妆工具讲解、假发包制作、编发处理、基本固定手法、发型分区及一些特殊操作技巧的讲解，以及5个常见风格的发型案例完整制作过程的讲解。

梳妆工具

在学习梳妆之前，要对梳妆的工具有清晰的认知。在古风造型中，常见的梳妆工具如下。

梳子类

梳子类工具包含气囊梳、打毛梳、密齿尖尾梳等，是梳妆过程中的必备工具。

①**气囊梳**：用来理顺假发和梳理真发。

②**打毛梳**：用来蓬松头发。

③**密齿尖尾梳**：用来整理发丝走向。

造型类

造型类工具包含玉米须夹板、卷发棒、直发夹板等。

①**玉米须夹板**：起到蓬松发根、增加发量的作用。

②**卷发棒**：分为不同粗细型号，用来塑造不同卷度的卷发效果。

③**直发夹板**：可以将头发拉直，也可以烫弯发丝。

调理与定型类

调理与定型类工具包含定型发胶、海盐水、发蜡棒、硬性发蜡、果冻啫喱等。

①**定型发胶**：用来给真发和假发定型，使发丝更干净、更整齐。

②**海盐水**：使头发变涩，在造型时使头发更加蓬松。

③**发蜡棒**：用来整理头发，使发丝整齐且有自然光泽。

④**硬性发蜡**：用于男士造型，定型能力比发蜡棒强。

⑤**果冻啫喱**：做湿推造型时，常常用来辅助发丝成型，有略微定型能力。

其他

在造型时，除了要用到以上工具外，还会用到一些小型工具，如发卡、定位夹、发网、皮筋、皮绳、毛线、拉发器等。

①**发卡**：在造型中主要用来固定头发。

②**定位夹**：做造型时用来固定头发，根据大小和形状的不同，使用时的位置也不同。

③**发网**：套在头发上，使头发成形，或保持头发干净、整齐。

④**皮筋、皮绳、毛线**：用来固定头发的辅助工具。

⑤**拉发器**：辅助发片穿过发环，不易弄乱发环。

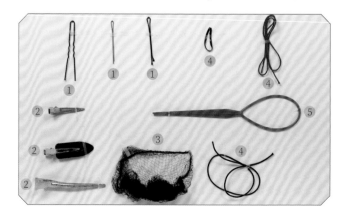

假发包的制作

市面上虽然有很多成品假发包，但是在实际使用和操作时不一定符合我们的需求，这就需要化妆师学会自制假发包。下面，拆分讲解两类假发包的制作技巧。

软发包的制作

在古风造型中，经常用到的发包有包发发包和垫发发包。

包发发包

在造型过程中，包发发包常用来垫宽前区，使颅骨形状更加饱满，面部比例更加理想。制作包发发包时，经常会用到一种材料，那就是曲曲发。曲曲发材质较柔软，适用于制作包发发包，制作时较容易掌握成品大小和尺寸。

◀ 操作过程 ▶

01 将曲曲发按照比实际要做的发包长 2~3cm 的长度剪下，并平均分两份备用。

02 取一份曲曲发，然后分次取少量的曲曲发，均匀地横向铺一层，再竖向铺一层，铺成正方形。

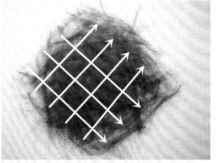

03 再分次取少量的曲曲发，呈45度铺一层，呈135度铺一层，铺成菱形。

04 耐心重复前边两个步骤的操作，直至曲曲发取完并铺完。

05 将曲曲发卷起来，长度比要制作的发包长度短一些。

06 用一个发网将曲曲发反复包裹卷成合适的粗度和长度。

07 按照前边步骤制作出一个同样的发包。这样，一对对称的包发发包就制作完了。

垫发发包

制作垫发发包时，经常用到的材料是发棉。发棉相对于曲曲发来说，虽然较难掌握成品大小和尺寸，但是蓬松，在后面包发的使用和大型唐风造型中非常实用。

01取一团合适发量的发棉。

02耐心、薄薄地铺开一层。

03卷成一个合适大小的圆饼。

04套上发网，垫发发包就做好了。

硬发髻的制作

古代人们会使用娟纱撑出骨架，甚至木制品雕出发髻，在古风造型中，常常会有很多不同风格的硬发髻，这里列举两个例子。

单刀半翻髻

◀ 操作过程 ▶

单刀半翻髻是非常具有唐代特色的发型发髻，使用铁丝打出骨架，然后用发棉覆盖，之后用发网套好，使用时可以根据需要调节弧度。

01 剪下一段合适长度的粗铁丝，然后用钳子根据自己需求制成一个合适大小的直角梯形。

02 剪一段合适长度的黑色胶带，固定铁丝接口处。

03 剪下两段合适长度的细铁丝，在梯形内打骨架。两端和接口处用黑色胶带固定。

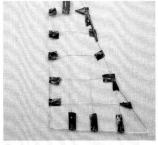

04 继续剪几段合适长度的细铁丝，与之前固定好的细铁丝反复交错打骨架，使梯形粗铁丝内形成连续的正方形格子。

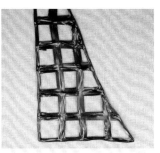

05 用黑色胶带将铁丝全部包裹一圈，确保没有铁丝露出。

06 取适量发棉，薄薄地铺一层并包裹在梯形上。

07 用发网包裹发棉，然后用针线将边缘缝紧，使其形成一个平整的平面。

08 将假发片固定在发髻一侧，梳理整齐后包裹住发髻。

09 给假发片套一个发网，留下发尾方便后续固定，硬发髻制作完成。

对称三角发髻

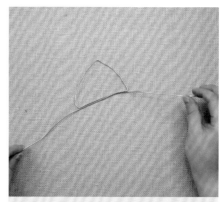

　　塑造一些可爱的少女造型时，可以选择制作一些对称三角发髻进行搭配，可以确保发型对称性，缩短造型时间。

01 剪一段合适长度的粗铁丝，用钳子根据自己需求制成一个合适的三角形，注意两边多预留出铁丝。

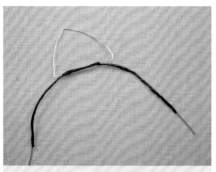

02 在铁丝交错处缠上黑色胶带，注意两边预留的铁丝也要缠上胶带。

03 将两边多余铁丝制成图示形状。

04 将所有铁丝用黑色胶带缠绕整齐。

05 取适量发棉薄薄地铺一层并包裹在三角形支架上。

06 取一片假发片，整齐地包裹在三角发棉上。

07 将多余头发用热熔胶固定在底部，剪去多余头发，并用打火机收碎发。

08 整理碎发和边角，并喷上少量定型发胶。

09 按照以上同样方法再制作一个假发髻，确保对称性，制作完毕。

提示 假发髻在古装影视、古风写真造型中或在一些仪式及活动造型中需要快速做出古风造型时使用，但是不应该过分依赖成品假发髻。在做造型时，假发髻只是起到辅助的作用，对于发型层次结构的把握才是关键。

编发处理

在古风造型中处理前后区的头发时，需要对真发进行编发处理。根据发量及发长，编发的手法有所不同，下面具体进行讲解。

两股辫编发

两股辫编发手法适用于真发较长，或需要快速整理头发时。

◀ 操作过程 ▶

01 用气囊梳梳顺所有头发，分出1、2股头发。

02 将1股头发顺时针旋转。

03 将1股头发搭在2股头发上面，进行交叉。

04 将2股头发顺时针旋转。

05 将2股头发搭在1股头发上面，进行交叉。

06 重复步骤02~05继续编发。

07 用皮筋扎紧末端，两股辫编发操作结束。

三股辫编发

三股辫编发适用于真发发量较多，或需要比较紧的编发的情况。

01用气囊梳梳顺所有头发，分出1、2、3股头发。

02将3股头发搭在2股头发上面，保持1股头发在上面。

03将1股头发搭在3股头发上面，保持2股头发在下面。

04将2股头发搭在1股头发上面，保持3股头发在下面。

05重复步骤02~04继续编发。

06用皮筋扎紧末端，三股辫编发操作结束。

2+1编发

2+1编发适用于处理前区头发或发量较少的情况，可以增加造型蓬松感。

◀ 操作过程 ▶

01 用气囊梳梳顺所有头发，分出1、2股头发。

02 将1股头发顺时针旋转搭在2股头发上面。

03 将2股头发、3股头发顺时针旋转搭在1股头发上面。

04 重复步骤02和步骤03继续编发。

05 用皮筋扎紧末端，2+1编发操作结束。

3+1 编发

3+1编发适用于发量较多的情况,主要体现编发层次感。

01 用气囊梳梳顺所有头发,分出1、2、3股头发。

02 将3股头发搭在2股头发上面,保持1股头发在上面。

03 将2股头发分出,再将4股头发与2股头发合并备用。

04 将2+4股头发合并后压在1股头发的上面,然后将3股头发压在2+4股头发的上面。

05 重复步骤03和步骤04继续编发。

06 用皮筋扎紧末端,3+1编发操作结束。

蝎子辫编发

蝎子辫编发适用于对后区头发的处理，体现发型层次感。

◀ 操作过程 ▶

01 用气囊梳梳顺所有头发，分出1、2、3股头发。

02 给3股头发加发，搭在2股头发上面，保持1股头发在上面。

03 给2股头发加发，搭在3股头发上面，保持1股头发在上面。

04 给1股头发加发，搭在2股头发上面，保持3股头发在下面。

05 重复步骤02~04继续编发。

06 用皮筋扎紧末端，蝎子辫编发操作结束。

鱼骨辫编发

鱼骨辫编发适用于对发束效果的丰富处理，主要体现纹理感。

01 用气囊梳梳顺头发并分成两股。

02 将一股头发分出一小缕，与另一股头发合并。

03 将另一股头发分出一小缕，与一股头发合并。

04 重复步骤02和步骤03继续编发。

05 用皮筋扎紧末端，鱼骨辫编发操作结束。

基本固定手法

在古风造型时，一些小工具（如发卡、皮筋等）会辅助我们更好地固定造型。在具体操作时根据不同的情况，这些辅助工具的使用手法也会有偏差，操作后的效果也不尽相同。

发卡固定手法

发卡是造型过程中必不可少的工具，不同发卡有不同的固定手法，这里我们示例3种发卡固定手法。

一字卡固定手法

一字卡是常用来固定真发的一种工具。

操作过程

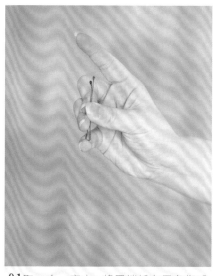

01取一个一字卡，将尾端抵在无名指或小拇指上。

02中指和食指抵住发卡两边，食指用力顺着发卡空隙向下，发卡顺势就会被打开。

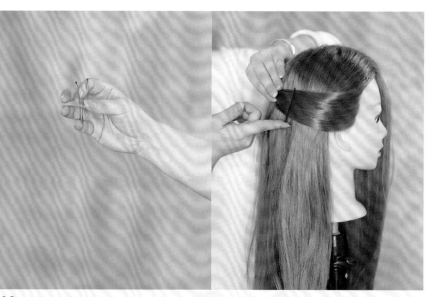

03将发卡卡在食指上，用大拇指抵住要固定区域并撤出食指，用力将尾端推入固定位置，操作结束。

U形卡固定手法

U形卡是常用来固定假发的一种工具。

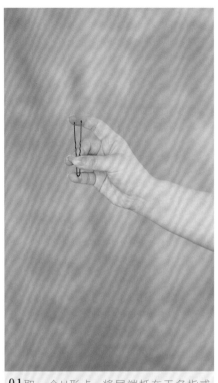

01取一个U形卡,将尾端抵在无名指或小拇指上。

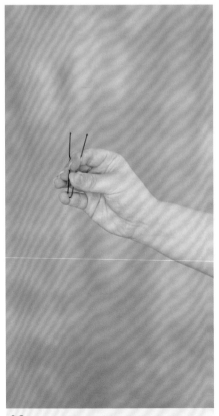

02用中指和食指抵住发卡两边,食指抵在发卡头部,使发卡头部微微打开。

03使U形卡卡住要固定的区域后撤出食指,尾端稍微偏移30度,按照1/2深度用力推入发卡。

04将U形卡尾端复位,用力完全推入,操作结束。

对卡固定手法

在固定较多发量的假发片时，常常会采用对卡进行固定。

01 取一个一字卡，将发卡尾端用力推入固定位置。

02 另外取一个一字卡，按与前一步相对方向下发卡，尾端使力推入固定位置，结束操作。

皮筋、皮绳固定手法

在发量很多或没有下卡子的受力点时，常常会采用皮筋或皮绳来固定，这里我们示例两种固定手法。

皮筋＋一字卡固定手法

皮筋和卡子的组合固定手法，可以最大限度地保证牢固紧实，并且方便快捷。

操作过程

01 取一个一字卡，给发卡套入一根皮筋。

02 梳顺打理整齐需要固定的头发，然后用手抓紧需要固定的区域。

03 用小拇指套住皮筋一头，将皮筋缠绕一圈的卡子穿出小拇指勾住的皮筋一头。

04 将皮筋向和前一步相反的方向缠绕至合适松紧度。

05 将发卡推入皮筋扎紧的头发根部并遮挡住，结束操作。

皮绳固定手法

皮绳固定手法适用于发量非常多的情况，需要一定的固定手法保证固定牢固。

操作过程

01 提前准备好一根合适长度的皮筋。

02 梳顺打理整齐需要固定的头发，然后用手抓紧需要固定头发的位置。

03 用小拇指勾住皮筋一头，另一头在头发上反复顺同一方向缠绕。

04 将皮筋两头绑紧，打上死结。

05 用剪刀减去多余皮筋，结束操作。

发型分区

　　做造型时，首先要面对的问题就是如何分区。正确分区不但会让造型更加有层次，也会牵扯到底座是否牢固的问题，这与建房子需要有地基的道理一样。不同造型采用不同的分区手法，可以有针对性地选择不同位置固定底座。有了结实的底座才有稳固的发型，在梳妆的过程中才会有发挥的空间。

　　下面讲解日常造型中经常使用到的分区手法。在实际应用过程中，大家要灵活变通，活学活用。

前区中分发包包发 + 后区假发披发

　　在操作时注意前区发丝包裹假发包后的饱满性和整齐性，以及后区披发弧度的把握。

◀ 操作过程 ▶

01 用气囊梳理顺头发。

02 用密齿尖尾梳梳尾顺着眉心向上中分头发，向两边梳顺。

03 用密齿尖尾梳梳尾顺着耳朵向上分区头发，并用定位夹固定好已分区的头发。

04 将后区头发分上下两区并用皮筋扎紧，分界线在耳上1~2指的位置。

05 使用三股辫编发手法将后区头发扎麻花辫，然后盘起，并用发卡固定为发型底座。

06 将一对假发包左右对称压在分区线上，使用一字卡在假发包两端和中间固定紧假发包。

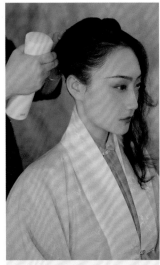

07 将前区一边头发后拉，在头发上喷少量清水，使碎发服帖。

08 大致梳理整齐后，喷上少量发胶。

09 使用密齿尖尾梳耐心地梳理整齐头发，并用一字卡下对卡将其固定在头发底座上。

10 使用发蜡棒将鬓边碎发整理整齐。

11 梳理整齐头发后，全部喷上发胶固定。

12 将另一边的头发也梳理整齐，用密齿尖尾梳梳尾将两边发包调整对称。

13 将两边包发余留下来的头发使用三股辫编发手法扎麻花辫。

14 将麻花辫盘起固定在头发底座上，使用发网将底座所有头发罩起来。

15 使用一字卡将圆饼形假发包固定在底座上方。

16 取一片长约80cm的假发披发，下对卡将其固定在假发包上。

提示 注意固定假发首端时，避免将首端固定成直线，而要将首端摆成一个弧形，这样会让后区的假发披发更加自然。

17 整理碎发，操作结束。

090

前区中分发包包发 + 后区真发披发

在操作时注意前区发丝包裹假发包的饱满性和整齐性，以及头顶后区分区处理。

操作过程

01 用气囊梳打理顺头发，用密齿尖尾梳梳尾顺着眉心向上中分头发，向两边梳顺。

02 在头顶偏后区域分出一个圆形分区，将分区内头发紧紧扎起。

03 将圆形分区内头发使用三股辫编发手法扎麻花辫，然后盘起，用发卡固定为发型底座。

04 将假发包压着分区线紧紧固定住。

05 将两边头发向上提拉，使用发蜡和发胶将其打理整齐后固定在发型底座上，两边固定好后注意调节两边对称性。

06 模特头发较长，用两股辫编发手法将前区剩余发尾编起。

07 将头发盘起固定在底座上，套上发网避免毛糙。

08 整理碎发，操作结束。

前区中分刘海包发 + 后区真发包发

在操作时注意将前区刘海梳理整齐并保持其弧度，以及头顶后区分区处理，应使后区真发包发饱满且整齐。

01 用气囊梳理顺头发。

02 在头顶偏后区域分出一个圆形分区，将两侧头发向上拧转固定。

03 在刘海上喷上发胶，并使用密齿尖尾梳顺着发丝方向梳理整齐，然后用刘海定位夹固定刘海。

04 模特头发较长，可以选用两股辫编发手法将前区头发扎起。

05 将编好的头发盘起固定，作为头发底座，套上发网避免毛糙。

06 沿着分区线用一字卡将长条形假发包固定成U形。

07 在发型底座和长条形假发包之间固定一个小的圆饼形假发包。

08 将后区中间头发向上提拉，梳理整齐后下对卡将其固定在底座上，喷上发胶并整理碎发。

09 固定后区左边头发，注意和中间区域头发的衔接。

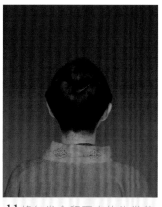

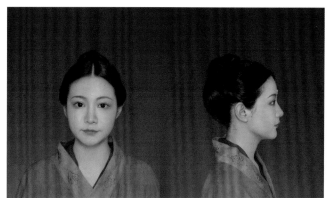

10 固定后区右边头发，梳理整齐饱满后喷上发胶定型。

11 将包发余留下来的头发使用三股辫编发手法扎麻花辫，盘起固定并套上发网。

12 整理碎发，操作结束。

前区全盘发包包发 + 后区假发包发

在操作时注意前区全盘发包包发的整齐度和弧度，以及后区假发包发的弧度，应使后区包发饱满且弧度自然。

◀ 操作过程 ▶

01 用密齿尖尾梳梳尾顺着耳朵向上将头发分成前后两区，将后区头发全部扎起固定。

02 将后区的头发使用三股辫编发手法扎麻花辫，然后盘起，用发卡固定，作为发型底座。

03 取一个长度合适的大假发包，使用多个一字卡依次固定。

04 将前区中间头发向上提拉，梳理整齐后包裹在底座上，下对卡固定，喷上发胶并整理碎发。

05 将前区右侧头发向上提拉，梳理整齐包裹在底座上，下对卡固定，喷上发胶并整理碎发。

06 另外一侧也同前一步，注意头发要均匀地分布在假发包上，可以使用密齿尖尾梳反复梳均匀，再使用发胶固定。

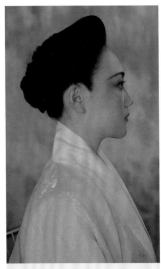

提示 注意，固定长条形假发包时要和圆饼形假发包一起形成一个圆润的弧度。

07 将两边包发余留下来的头发使用三股辫编发手法扎麻花辫，将麻花辫盘起固定在头发底座上。

08 取一个稍大的圆饼形假发包，使用一字卡固定在底座上方。

09 取一个长条形假发包，使用一字卡将其固定在圆饼形假发包下方。

10 在头顶固定一片梳理通顺的、长约60cm的假发片。

11 将假发片平均分为两份，将一份先固定起来，另一份梳理通顺。

12 将假发向另外一侧稍微向下梳开，在假发包根部上定位夹，再将剩下假发以U形包裹在假发包外侧，并用U形卡固定好。

13 将另外一侧稍微向下梳开，在假发包根部外侧上定位夹。

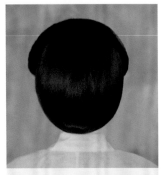

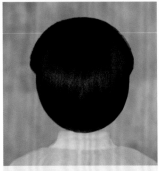

14 将剩下假发呈U形包裹假发包外侧，用密齿尖尾梳梳尾辅助固定弧度，并用U形卡固定好。

15 用密齿尖尾梳调整假发弧度，使形状更加饱满。

16 为后区包发套上发网，再次整理弧度，可以拿掉不需要的U形卡。

17 整理碎发，操作结束。

前区中分真发包发 + 后区真发盘发

在操作时注意对前区发丝的蓬松处理，应使发量在视觉上增多，以及对后区真发的处理，在保证整齐的基础上调整弧度，使后枕骨弧度更饱满。

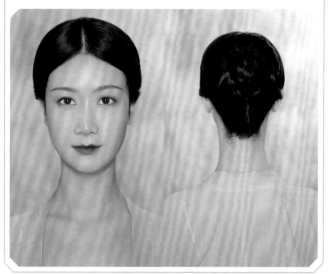

◀ 操作过程 ▶

01 用气囊梳打理顺头发，用密齿尖尾梳梳尾顺着眉心向上中分头发，向两边梳顺。

02 从靠近中缝的头发中取大概一指宽的一片头发进行分区，使用定位夹固定分开备用。

03 依次向下分出同样宽度的头发，注意留出贴近发髻线的头发。

04 使用玉米须夹板从发根开始处理头发，使发根区域蓬松，依次向下，处理至分区底部。

05 将另一侧头发使用相同方法处理好。

06 固定好两侧分区的头发，避免影响下一步操作。

07 将后区头发上下分区，分界线在耳上一到两指位置，上区头发使用三股辫编发手法扎成麻花辫，将麻花辫盘起固定起来作为发型底座。

08 将下区头发梳理整齐并用皮筋扎起，头发固定位置尽量接近分界线中心位置。

09 将剩余头发扎麻花辫固定在发型底座上，用手在下区后脑勺部分慢慢地捏抽出一个弧度，使后脑勺看起来更加饱满。

10 弧度达到满意程度后，喷上发胶，用密齿尖尾梳梳尾梳理整齐，碎发可以用小的定位夹固定。

11 将前区一侧头发梳理整齐，顺着平行于耳朵顶部方向提拉，向底座方向旋转拧成一束。

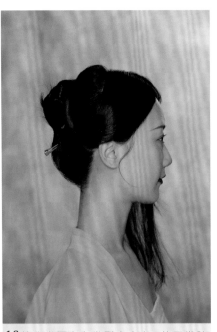

12 将头发固定在发型底座上，使用发胶和发蜡棒固定头发，鬓边可以留一些发丝，用发蜡棒整理成合适弧度。

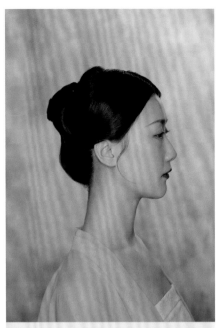

13 将另外一侧头发向底座方向旋转拧起整理固定好，在头发底座上套上发网，使底座更加整齐，小心卸下定位夹。

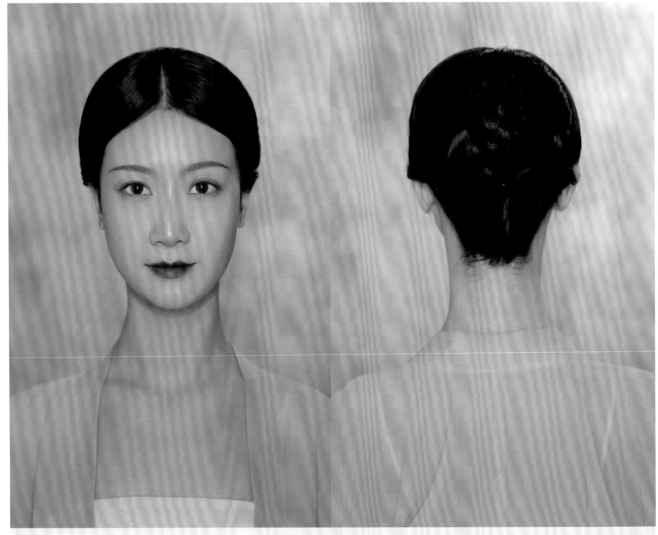

14 整理碎发，操作结束。

特殊处理

在日常造型中，常常遇到需要特殊造型的情况。下面，讲解4种常见情况的处理。

卷烫刘海（卷发棒使用）

卷烫刘海在造型中可以体现少女感，只有将刘海调整到合适的弧度，才可以达到满意的效果。

01提前将刘海预留出来，梳理整齐。

02使用预热好的卷发棒，从根部夹住刘海。

03水平方向拉卷发棒至2/3区域，向内扣带动头发烫卷。

04重复几遍，直至刘海弧度达到满意程度。

05将烫好的刘海整理自然，结束操作。

提示 卷发棒粗细可以由需要的刘海弧度决定，一般弧度大小和卷发棒粗细成正比。

手绘发际线发丝

在一些风格的造型中，无法使用刘海遮挡发际线时，需要化妆师绘制发丝。

01 将需要手绘发丝区域的头发梳理整齐，并定好底妆。

02 用水眉笔或削好的扁头眼线笔，顺着发丝走向，轻柔地勾画发际线。

提示 注意初下笔时力度要轻，中间加重，末端隐入发量较多区域。

03 使用化妆刷取深色修容粉，顺着勾画的发丝轻柔晕染。

04 再次用眼线笔勾画发际线，确保绘制的发际线自然，且密度效果合适。

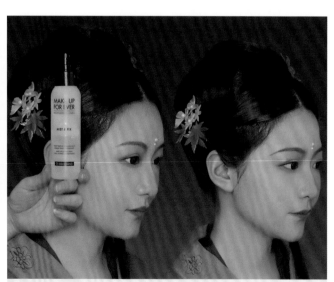

05 喷上定妆喷雾，防止花妆，操作结束。

真发推波遮挡发际线

在实际操作中，常常使用推波的手法遮盖发际线，处理发际线缺失或后移的情况。在实际操作情况中，有多种推波处理方法，应学会活学活用，灵活变通。

◀ 操作过程 ▶

01 包发前，用气囊梳从发根到发尾梳理通顺头发。

02 在头顶分出合适发量的三角形分区头发。

03 将其余头发使用合适手法处理好，喷上适量发胶保持整齐。

04 用梳子将三角分区的头发向下梳理整齐。

05 根据模特脸形确定合适的弧度，用刘海专用的定位夹固定住推好的头发。

06 喷上适量发胶，等待头发干后，小心地取下定位夹，操作结束。

用假发填充发量

在包发的过程中，常出现因模特发量不够而发包无法完全被包住的情况，这就需要使用假发发片填充发量，使包发视觉上更加饱满整齐。

◀ 操作过程 ▶

01提前做好分区，梳理整齐。

02将真发材质的假发片固定在发量稀少的前区区域的分界线偏后的位置，使假发片可以和真发向同一方向梳理。

03将假发包压在分界线上并固定好。

04将假发片和真发片统一包住假发包并梳理固定好。

05调节好假发片的纹理，喷上适量发胶固定，操作结束。

发型实例

　　前面，我们对发型的基础技巧做了细致的讲解。下面，通过5种常见风格的发型实例讲解如何熟练运用各种手法，做出好看且精致的古风发型。

日常清新少女风发型

　　豆蔻梢头二月初，轻盈自然地发型搭配少女青春天真的容颜，清新自然的感觉扑面而来。本实例示范一款日常清新少女全真发发型。

　　本案例采用全真发造型形式，在处理全真发造型时，最重要的是注意对前区头发的处理；在不使用假发包和假发发片的情况下，选用玉米须夹使头发蓬松并进行编发，让两鬓头发更加蓬松以修饰脸形。

◀ 操作过程 ▶

01用气囊梳从发根到发尾梳理通顺所有头发。

02使用密齿尖尾梳梳尾将前区头发三七分区。

03将头发分缝处最外层头发分出，其余头发使用玉米须夹板轻轻带过发根，依次处理完所有前区头发。

04使用发蜡棒抚平碎发，使前区头发更整齐服帖。

提示 为头发分区时避免直接分成直线，可以处理为弧线，以增加柔美感。

05在前区头发两侧发际线处分别预留少许头发，其余使用2+1编发手法处理。

06在后区上方分出一个区域，用皮筋将头发在发根处扎紧。

07再用一根皮筋扎紧图中箭头所指位置。

08将发辫顺着箭头方向向内扣卷。

提示 将一字夹穿过皮筋固定，可以固定得更紧、更牢固，应避免发卡使用过多，导致整体不美观。

09将剩余真发分成两束，发尾内扣并用皮筋扎起。

10将其中一束头发顺着步骤08所指发环的方向内扣卷，并将发尾藏在步骤08所指的发环内。

11另一束发束向内扣卷并藏发尾，注意和前一步发环要有错落感。

12将发量少的前区发束顺着箭头方向固定发环，发尾依旧藏在第一个发环内。

13将发量多的前区发束向另一侧固定，使用真发遮挡碎发及卡子，发尾固定在真发环内。

14将预留前区两侧发际线的头发用发蜡棒整理整齐。

15使用发际线粉涂抹发际线稀疏部分，修饰发际线弧度。

16调整发型细节，整理碎发。

17佩戴适合的头饰，结束操作。

温婉恬静古风发型

古典美人给我们的印象多是娴静、多情、温婉、古典。本实例示例制作一款温婉恬静古风发型。

立环造型主要有拧环立环和反向立环，在处理时要注意固定头发的受力点，以免立环松散或坍陷而影响整体发型的整齐美观。

◀ 操作过程 ▶

01用气囊梳从发根到发尾梳理通顺所有真发，从发际线中心开始斜向分区。

02将后区所有头发扎起，使用三股辫编发手法将头发盘起固定，以此为发型底座。

03将前区头顶区域头发取三角分区向内拧转，缠绕固定在底座上。

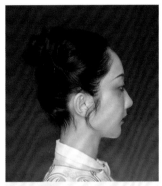

04将前区两侧头发分别向内拧转固定，发尾缠绕固定在底座上。

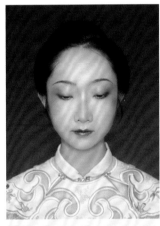

05整理前区碎发，调整两侧使其对称。

06在底座上固定一个圆饼形假发包。

07在前后区各固定一片打理通顺的、长约80cm的假发片。

08将后区假发片暂时固定起来，避免影响后续操作，前区假发片在耳后各留一缕，剩下头发分为两份。

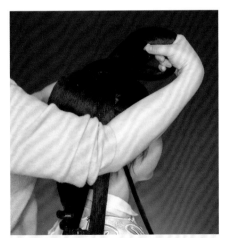

09取其中一份假发，打理通顺，用手拉起一个合适大小的环。

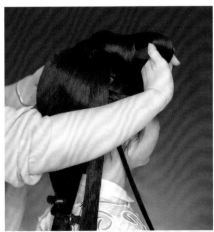

10将假发朝自己方向拧转，中间手要捏紧，避免拧转过程弄乱假发。

11固定发环，并喷上发胶整理碎发。

提示 发环立起位置可以下对卡，辅助借力立环。

12 将剩余假发顺箭头方向反向立环，并将发尾固定好。

13 取另一束头发下对卡在耳后固定。

14 向上提起并固定在上一束头发发尾处，遮挡碎发。

15 内扣卷起，下对卡固定头发。

16 剩下假发打理通顺适当推起弧度固定，使造型层次更丰富。

17 将发尾拧起固定在底座圆饼形假发包上，并用后区假发遮挡。

18 将后区假发梳理整齐扎成一束。

19 调整发型细节，用发蜡棒整理碎发。

20 佩戴适合的头饰，结束操作。

高贵华丽古风发型

大唐女子是古典美人中最绚烂的一抹颜色,他们优雅华丽、端庄高贵,或行或立,举手投足间皆是风情。本实例示范一款高贵华丽的古风发型。

　　本实例操作要求熟练运用软发包,使用软发包进行包发,可以快速塑造饱满的发型,让整体发型达到一种端庄的效果,应使发型整体更加饱满立体。

◀ 操作过程 ▶

01顺双耳对头发进行分区,将后区头发完全扎起。

02沿着发髻线横向固定一个长条形假发包。

03将前区头发往后梳起固定在假发包中间。

04将后区头发扎结盘起,并且在发髻上固定一个圆饼形假发包。

05在假发包上固定一片长约60cm的假发片。

06用假发片将发包包起,并套上发网固定。

07在头顶上方固定一片长约60cm的假发片,并将发片均匀地分为两份。

08将右侧假发片顺箭头方向包裹右侧裸露的假发包并固定。

09将剩余假发片顺箭头方向固定,遮挡住假发包并固定。

10另一侧做同样处理,喷上发胶定型,同时调整两边使其对称。

11在头顶上方再固定一片长约60cm的假发片。

12在头顶上方假发片的固定位置再固定一个花豆形假发包。

13 将假发片均匀地包裹在假发包上，并用定位夹辅助固定。

14 在发包根部下对卡固定假发片，拆除辅助的定位夹。

15 将剩余头发分左右两份，左侧假发向右围绕发包底部固定，另一侧做对称处理。

16 用剪刀剪去多余碎发。

17 拆去定位夹，调整细节，固定发型。

18 佩戴适合的头饰，结束操作。

复原典雅古风发型

在唐代壁画中常见女子着高腰襦裙，梳高髻，搭配夸张的妆容和花钿，别有一番风味。本实例使用成品发髻示范一款复原典雅风发型。

　　模特发量较少，在造型时可以使用假发包发补充发量，使双鬟更加饱满。将成品硬假发髻底座固定牢固，可以方便快速塑造发型。

◀ 操作过程 ▶

01 用气囊梳从发根到发尾梳理通顺所有真发，然后将前区头发从中间分开。

02 将后区所有头发扎起，使用三股辫编发手法将头发盘起固定，以此为发型底座。

03 将前区头发向下梳理通顺，将假发包压在发根处固定好。

04 将前区头发向上提拉，打理通顺固定在头发底座上，注意调整两边使其对称。

05 在底座上固定一个圆饼形假发包，包住所有碎发。

06 用长约60cm的假发片将后脑勺的假发包包起来，调整形状，使后区形状更饱满。

07 将提前制作且调整好形状的假发髻安放在头顶的合适位置。

08 使用U形卡将假发髻底部一圈固定在头顶区域。

09 取半条长约80cm的假发片，平均分为两份后固定在头顶中间。

10 将左侧假发打理通顺并固定在前区假发包后面。

11 向上提拉，包住假发包末端，并固定在假发髻底部。

12 将另一侧头发使用同样手法对称包住假发髻底部。

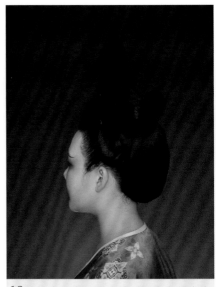

13将其余假发打理通顺后固定在假发底座上。

14调整发型细节，用发蜡棒整理碎发。

15佩戴适合的头饰，结束操作。

男士汉洋折中风发型

男士古风日常造型往往与西式风格结合，兼具汉服风格和现代风格。本实例使用真发示范一款汉洋折中风发型。

◀ 操作要点 ▶

　　通过烫发方式烫卷头顶头发，使发量饱满，让头形和脸形比更加协调；使用定型发胶固定头顶头发，从视觉上增高颅顶。

◀ 操作过程 ▶

01 梳理通顺头发，使用发梳对前区头发做Z字形中分分区。

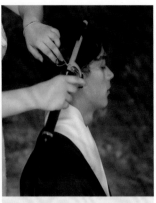

02 用13mm卷发棒一小缕一小缕地分别向内扣卷前区一侧的头发。

03 用同样手法将前区另外一侧头发向内扣卷烫蓬松。

04 用13mm卷发棒一小缕一小缕地分别向外扣卷后区一侧的头发。

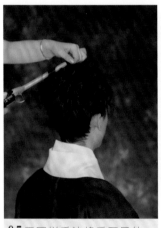

05 用同样手法将后区另外一侧头发向外扣卷烫蓬松，注意调整枕骨弧度。

06 将中分发际线附近头发用手拉起，喷上定型发胶，视觉上增高颅顶。

07 调整卷发发丝弧度，喷上定型发胶。

08 将硬性发蜡涂抹在手上，将额前头发捏好弧度，塑造湿发感。

09 佩戴适合的饰品，结束操作。

日常风格发型

第四章

随着汉服和古风文化被大力宣扬与推广，日常汉服造型成了许多年轻人的出街需求。这种日常生活中的古风发型的制作需要快速简单，整体轻盈自然，且方便打理，较少情况下用到假发。这种日常化、简单化的发型到底应该怎么处理呢？不同的发型之间处理的重点又在哪里呢？本章，我们选取5个有代表性的发型案例进行讲解。

甜美活泼少女发型

 背景分析

　　冬去春来，万物复苏，少女渴望着将自己精心装扮之后，来赴这场春日之约。本案例示范一款春日外出野餐时的活泼少女发型。

操作要点

　　模特头发发量较多，长度也适当，所以使用全真发造型，同时用两股辫和三股辫混合的编发手法，使头发更有层次感、更饱满。饿前区使用Z字形分区，弱化分界线，且垫高头顶；用卷发棒适当烫卷头发，处理出灵动感的发丝，使整体造型更加活泼可爱。选择石竹花饰品点缀在发髻之间，搭配粉色樱花、绣花交领服饰，使少女青春可爱的性格特征被更好地体现出来。

01 将刘海区域提前分出，用刘海卷卷起，方便后续操作，头顶区域做Z字形中分。

02 将除刘海区域外其他头发全部梳理整齐后中分。

03 将头顶头发分出一部分扎起。

04 使用拉发器将头顶头发从头顶拉出至下方。

05 拉出后将头发用两股辫编发手法扎起。

06 将扎好的头发在根部打圈盘起，固定为发型底座。

07 将剩余头发各分一小缕预留出来，其余扎成麻花辫。

08 将麻花辫发尾固定在步骤06盘起的底座上。

09 卷烫刘海和脸两侧的头发，喷上定型发胶。

10 卷烫之前预留出来的头发，增加少女活泼感。

11 戴上头饰，操作结束。

素雅文静女子发型

 背景分析

在参加一些素雅别致的古风活动时，造型要求要简洁大方，突出"素雅"主题。本案例塑造"好友小聚"的清雅女子发型。

操作要点

模特真发发量较少，长度也略短，所以使用全真发+少量假发混合造型，增加发量且增加头发长度；采用三股辫编发和假发混合的手法为发型提供支撑力，从视觉上增大发髻；前区分区偏分且垫高头顶；为了确保造型的牢固性，且让发髻看上去更加整齐，使用发网套在整体发髻上。饰品选择烫花和素雅的珍珠饰品装点在发髻之间，搭配绿色书法绣花褙子服饰，使整体看起来更加清雅秀丽，塑造素雅文静、岁月静好的感觉。

01将头顶后侧分一个圆形区域并将头发扎起备用，然后将前区头发三七分。

02将头顶后侧头发用三股辫编发手法扎起，尾端用皮筋固定备用。

03将前区头发留一小缕后向内拧转并向前推起固定。

04两侧拧转固定后，将剩余头发盘起备用。

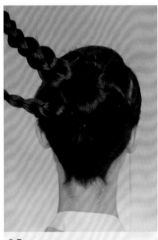

05将后区剩余的所有头发用三股辫编发手法扎起。

06将头顶区域扎好的麻花辫按箭头方向围一圈盘起固定，注意藏好发尾。

07将后区麻花辫朝另一方向向头顶固定，注意藏好发尾，形成一个发髻。

08在发髻后侧下对卡固定半片长约80cm的假发片。

09将假发分一多一少两缕，然后把较多发量的假发按箭头方向围一圈包住发髻，并用U形卡固定。

10将剩余假发发尾向上梳理整齐，扣卷收起发尾并固定好。

11将剩余假发梳理整齐后，穿过步骤07的麻花辫。

12用U形卡将假发固定在箭头所指位置。

13将剩余假发向上梳理做环，然后把发尾藏在步骤10的假发片底下。

14套上发网收拢碎发和假发，使发髻更牢固。

15拆去定位夹，调整细节。

16戴上头饰，操作结束。

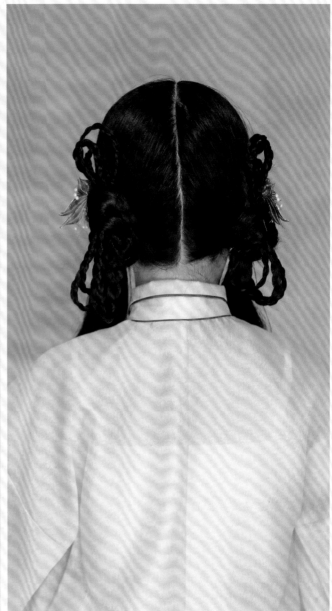

甜美温柔少女发型

 背景分析

在古代服饰中，并不是所有服饰都是繁复华丽的礼服，也有适合日常出行和逛街的常服。日常活动中的造型强调简单轻便，可以快速操作。本案例塑造日常外出玩耍的少女装扮。

操作要点

模特真发发量较多，长度较长，所以使用全真发造型，配合三股辫编发手法，使造型更有支撑力，也更加整齐。刘海使用卷发棒处理为S形，对比齐刘海更让人眼前一亮，使整体造型更加青春洋溢且活泼。饰品使用马骡贝搭配的花丝饰品，使整体造型富有细节，突出甜美温柔少女的整体气质。

01将刘海区域提前分出，然后把剩余所有头发均分两份，在后发际线位置扎起备用。

02将一侧头发分出一缕，涂上发蜡棒预防毛糙。

03用三股辫编发手法扎麻花辫，尾端用皮筋固定。

04依次分两缕扎麻花辫，共扎3条辫备用。

05将3条麻花辫发尾用皮筋扎在一起备用。

06将扎好固定的发尾用一字卡穿过皮筋，固定在图所示的位置。

07用一字卡将麻花辫固定出层次。

08将另一侧头发进行对称处理。

09在剩余头发分出一缕，抹上发蜡并打理通顺。

10将头发缠绕在皮筋上，用一字卡固定。

11用25号卷发棒向内顺卷两侧刘海。

12用无痕定位夹固定刘海，喷上定型发胶。

13拆去定位夹，调整细节。

14戴上头饰，操作结束。

英气飒爽女子发型

 背景分析

　　世间女子不是只有温柔娴静、妩媚多情、优雅端庄的，还有英姿飒爽的，日常英气风格造型更加方便日常出行。本案例塑造日常出行的帅气女子装扮。

操作要点

　　模特发量较多，但长度不够，所以使用全真发造型+虎口夹造型，以及2+1编发手法，使头骨造型更加饱满。两鬓适当留出部分鬓发，使造型更加飘逸洒脱；使用带虎口夹的假发片，可以快速塑造高马尾造型，节约造型时间。饰品选择简洁的发冠和发簪，使整体造型有英姿飒爽的感觉。

01 将前区头发三七分区，然后将前区头顶区域的头发扎起。

02 将较少一侧用2+1编发手法编成发辫，固定在头顶区域备用，额前适当留一些碎发，增加英气感。

03 将前区头顶区域的头发分出，用2+1编发手法编成发辫，固定在头顶区域备用，固定时可以向前适当推起，增加头顶高度。

04 用同样手法将前区剩余头发编起备用。

05 将前区固定的发尾头发编起备用。

06 将编好的头发缠绕于头顶圆形分区，固定为发型底座。

07 将后区所有头发向上抓起，梳理整齐，扎成一束头发。

08 将所有头发扎成麻花辫，固定在头顶偏后区域，然后套上发网并保持整齐。

09 将带虎口夹的假发片，固定在底座上。

10 调整虎口夹位置至合适。

11 调整前区弧度，进行定型。

12 戴上头饰，操作结束。

青春温雅少年发型

◀ **背景分析** ▶

　　男士日常造型常常借助卷发棒，适当卷烫真发，使其蓬松，并对头形、脸形进行辅助调节。本案例塑造春日外出踏春的少年装扮。

◀ **操作要点** ▶

　　模特发量较多，长度也可以，所以使用全真发造型方式。卷发棒整体扣卷头发增多发量，翻烫处理出纹理感，使整体造型有层次感且饱满；后区分区扎起部分真发，使整体造型看着更加青春洋溢且活泼。饰品选择网巾和烫花，搭配橘粉色道袍，胸前点缀烫花，塑造少年温润如玉的整体气质。

01 将前区头发如图所示进行分区。

02 用19号卷发棒将发量较少一侧分区的头发向内扣卷。

03 全部烫完后取部分发丝向外翻卷，塑造纹理感。

04 用19号卷发棒对发量较多一侧分区的头顶区域头发向左下进行内扣卷处理。

05 用19号卷发棒对发量多的一侧分区发际线区域的头发进行向左翻卷处理。

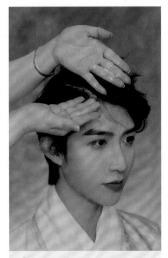

06 在手指区域涂上硬性发蜡。

07 将所有头发向上抓起，塑造蓬松感，用手指梳理初步定型。

08 抓好形状后用定型发胶二次定型。

09 用19号卷发棒对模特后侧分区头发进行斜向交叉向内扣卷处理。

10 烫好形状后用硬性发蜡初步定型。

11 将后区发际线上部区域头发扎起。

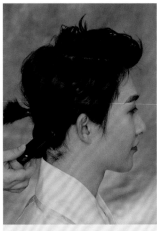

12 将后发际线区域下部头发向内翻卷。

13 调节后区弧度，喷上定型发胶。　　14 绑上网巾，调整前区弧度，再次定型。　　15 戴上头饰，操作结束。

写真风格造型

第五章

　　随着古风文化越来越被年轻人接受和喜爱，越来越多人开始喜欢汉服写真。古风造型不同于其他风格的造型，它独有的古典韵味要求化妆师在造型前就要对造型背后的朝代、审美有所了解，如秦汉的端庄大气、魏晋的潇洒不羁、大唐的雍容华丽、宋的清雅婉约、明的端庄秀丽等。

　　本章主要为大家讲解日常写真风格的一些造型，造型不同，难度、手法、风格各不相同。这里，依托朝代背景列举了10个造型案例，每个造型都有属于自己的背景设定。在造型时，从设定中去提炼可以体现人物特征的妆容及发型风格。

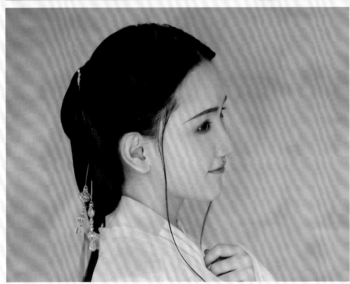

清秀自然汉代少女造型

背景分析

一个正值烂漫年华的少女，在田野、在山间、在花丛中自由奔跑、嬉戏。本案例示范一款清秀自然的汉代少女风格造型。

操作要点

模特鼻翼两侧肤色暗沉，皮肤状态较差，需要处理；在处理妆容时，底妆着重塑造无瑕的肌肤质感，整体的妆感偏裸妆风格，突出少女"天然去雕饰"的自然感。模特头发比较长，发型模仿汉代陶俑造型，同时强调自然少女感，前区中分，留下两缕发丝塑造轻盈的自然感；后区用真发作为束发，用假发片在后区做对称发环造型，对后区发髻大小和对称性的把握是难点。饰品选择简洁的长簪，使整体造型自然、简单。

妆容示范

01用修眉刀按照设计好的妆容修理眉毛，清理干净面部。

02用舌形刷将高保湿的护肤乳均匀地涂在皮肤上，打圈按摩至吸收。

03用粉色隔离均匀地涂全脸，整体提亮肤色，并且增加皮肤自然红润感。

04将粉底液点涂在脸上，用湿润的海绵蛋轻柔地拍打均匀，使底妆轻薄自然。

05用肉粉色遮瑕膏对眼下黑眼圈进行遮瑕。

06用浅色遮瑕对泪沟凹面、鼻翼两侧和嘴角暗沉区域进行提亮。

07用散粉刷取含保湿成分的透明散粉，轻柔地点按全脸进行定妆。

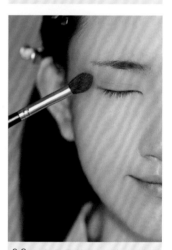

08用大号晕染刷取浅咖色眼影涂整个眼窝，加深眼窝。

09用中号眼影刷取浅棕色眼影，沿着睫毛根部涂抹双眼皮褶线区域和下眼睑1/2眼尾处，过渡处晕染自然。

10用中号晕染刷取棕色眼影，晕染上下眼睑眼尾处，加深眼尾，拉长眼形。

11用睫毛夹从根部发力夹翘睫毛，仔细地涂上睫毛定型液，保持睫毛根根分明的状态。

12用极细睫毛膏从睫毛根部到末梢仔细涂抹，使睫毛更自然。

13 用棕色眼线笔沿着睫毛根部画眼线，眼尾拉出，使眼妆整体自然清新。

14 用咖啡色眉笔沿着修过的眉毛轮廓勾勒眉毛，保持眉形线条流畅。

15 用削成鸭嘴形的黑色拉线眉笔，按照眉毛的毛发生长趋势、一根一根地勾勒，塑造自然的毛绒感。

16 用腮红刷取橘粉色腮红，轻柔地扫脸颊处，并使其和眼尾处眼影衔接自然。

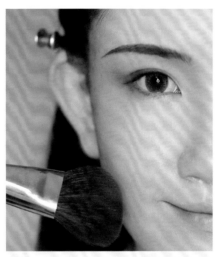

17 用阴影刷取阴影粉，扫眼窝、鼻子两侧和颧弓骨下方区域，令面部更加立体。

18 用高光刷取高光粉扫面中，使面部更加饱满立体。

19 用豆沙色口红薄涂一层嘴唇，用棉棒模糊唇线。

20 用唇刷涂抹唇部内侧进行加深，塑造渐变的唇妆。

21 喷上定妆喷雾，进行定妆，妆面造型结束。

01 模特头发有些卷曲，用直发夹板将头发全部夹一遍，处理垂顺。

02 用气囊梳梳理通顺，毛糙区域可以抹上适量发蜡。

03 将前区中分后，分出一个三角区域的头发，然后用定位夹固定备用。

04 将后区头发梳理整齐，并用皮筋扎起。

05 将前区除了三角区域的头发都梳理整齐后，向内拧转固定，在两侧发际线处预留部分头发。

06 将前区三角区域头发分区，向内拧转固定，碎发可以喷胶处理，并用定位夹固定。

07 在前区两侧头发固定位置的中间固定半片长约80cm的假发片。

08 将假发平均分两份，左侧假发向右梳，右侧假发向左梳，并下对卡固定。

09 两侧假发在肩上做环，发尾翻转向上固定在头后方中间。

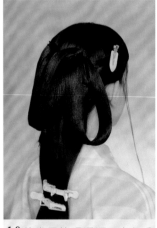

10 将发尾梳理通顺，喷上适量发胶抚平毛糙，并将发尾扎起。

11 将发尾向内扣卷固定，起遮挡发尾的作用。

12 将后区头发用皮筋扎起固定，喷上适量发胶抚平毛糙。

13 调整发型至对称，并喷上发胶，用发蜡棒抚平碎发。

14 戴上头饰，造型结束。

刚正朴重魏晋之士造型

 背景分析

　　魏晋之士或豪放，或不羁，内心又有着传统文人治国齐家之抱负。本案例旨在塑造一个乱世之中正直朴素、豪侠之士的造型形象。

 操作要点

　　模特眼下暗沉，中庭较短，人中略长，妆造时注意。底妆着重塑造男士清爽自然妆容，通过阴影高光立体关系修饰调整面部比例，突出眼部优势，使人物看起来更年轻。发型使用半头套打造半披发造型，通过烫卷前区短发视觉上增高颅顶，将真发和假发头套进行自然衔接。灰绿色服装搭配比较简单的灵芝纹样的长簪，塑造文人端正的感觉。

妆容示范

01用修眉刀按照设计好的妆容修理眉毛，清理干净面部。

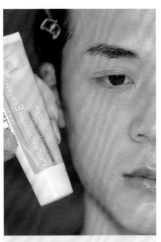

02用舌形刷将高保湿的护肤乳均匀地涂在皮肤上，打圈按摩至吸收。

03在皮肤上均匀地涂抹保湿型隔离，初步提亮肤色。

04取双色粉底液调和出适合模特肤色的粉底液。

提示 男士用的粉底液，应适当增加偏黄色的粉底液进行调和。

05将调和好的粉底液点涂上脸上，用湿润的海绵蛋反复点按全脸、耳朵、脖颈皮肤，并均匀拍打开。

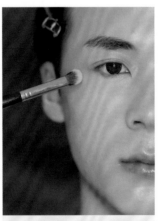

06用肉粉色遮瑕膏对眼下暗沉区域进行颜色中和遮瑕。

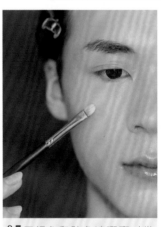

07用绿色和肤色遮瑕膏对发红痘痘进行颜色调和遮瑕。

08用散粉刷取保湿型散粉，点按全脸进行定妆。

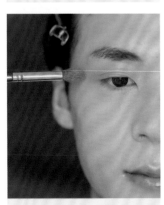

09用大号晕染刷取浅棕色眼影，涂整个眼窝，为后续打底。

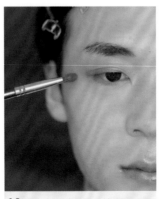

10用中号眼影刷取棕色眼影，沿着上眼睑睫毛根部和下眼睑晕染加深。

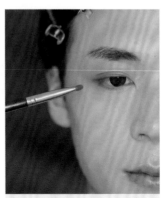

11用小号眼影刷取棕色眼影，加深下眼睑区域。

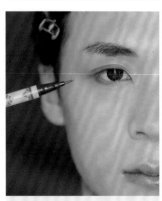

12用咖啡色眼线笔沿着睫毛根部描画眼线，填补睫毛根部空隙即可。

13 用睫毛定型液从睫毛根部到末梢刷出根根分明且自然的睫毛。

14 用浅咖啡色眉笔沿着修好的眉毛，勾勒出平直硬朗的眉形。

15 用削成鸭嘴形的黑色拉线眉笔，按照眉毛的毛发生长趋势、一根一根地勾勒眉毛，塑造自然的眉毛毛绒感。

16 用阴影刷取阴影粉，扫颧骨之下下颌区域，使面部轮廓更加立体。用鼻影刷取阴影粉，加深眼窝和鼻子两侧，塑造立体鼻形。

提示 男士一般使用黑色带些许延长效果的黑色睫毛定型液，比睫毛膏更加自然。

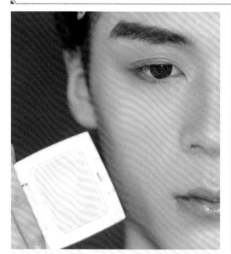

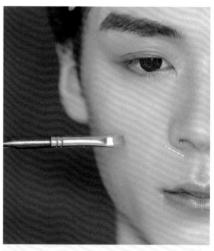

17 取亚光高光膏刷颧骨、眉骨、山根、鼻头、下巴区域，使面部轮廓更立体分明。

18 用化妆刷取阴影粉加深人中，使人中看起来更加立体，视觉上缩短人中长度。

19 用眉刷取阴影粉顺着鼻底轮廓（虚线所示区域）向下延伸，拉长鼻形和中庭，缩短人中距离。

20 用唇刷取裸色口红，薄涂一层并勾勒唇形。

21 用散粉刷取散粉点按唇部，塑造亚光自然的唇妆。

22 调整细节，妆面造型结束。

发型示范

01 在头顶偏后区分出一个区域，扎起头发并盘起固定，作为底座。

02 取一片半头套披发，将半头套顶部的发梳从底座根部穿过。

03 用一字卡固定半头套边缘，使之与头部贴合自然。

04 用25号卷发棒将头顶区域真发向后扣卷，卷起后包住半头套分界线。

05 将两侧真发分缕向头顶方向扣卷，两边额角各留一缕备用。

06 将头发向后梳理，包住半头套分界线，用手指整理出纹理感，喷上定型发胶。

07 用25号卷发棒将两边额角留用的一缕真发卷烫出弧度，增加灵动感。

08 喷上发胶，将两侧弧度定型。

09 在半头套上方下对卡固定半片长约80cm的假发片。

10 整理齐假发后，如图所示拧转假发做发环。

11 下对卡固定住发环，喷上发胶保持发环形状。

12 将剩余假发向后梳理固定在第一个发环后侧。

13 将剩余假发梳理整齐，包裹底座底部向前，固定假发的发尾。

14 喷上发胶，调整发型细节。

15 戴上头饰，造型结束。

 # 温柔娴静唐代女子造型

背景分析

唐诗《春江花月夜》曰："谁家今夜扁舟子？何处相思明月楼？可怜楼上月徘徊，应照离人妆镜台。"大唐往往给人无比繁华、梦幻奢靡的感觉，然而在初唐这首诗中，却让我们窥到唐代初期一位温柔如水、娴静多情的闺中女子思离人的一幕。本案例塑造一个唐代温柔娴静的女子的造型形象。

操作要点

模特眼下暗沉，有泪沟，两颊皮肤泛红。妆容底妆着重塑造有光泽感的好气色肌肤，使用彩妆产品塑造温柔的妆容风格，通过提亮卧蚕和加强眼睑下至感塑造柔情似水双眸的感觉，难点是眼影的处理和晕染。发型用假发包进行全真发包发，对整个头形进行再塑造，用假发片遮盖发尾，使整体造型更加整齐，塑造出简洁干净、温柔大方的效果。饰品选择冷色调玉簪花搭配流苏，使模特整体呈现温润如玉的气质。

01用修眉刀按照设计好的妆容修理眉毛，清理干净面部。

02用舌形刷将高保湿的护肤乳均匀地涂在皮肤上，打圈按摩至吸收。

03用面部提亮液均匀地涂全脸，增加皮肤的光泽和通透感。

04用遮瑕刷取绿色遮瑕点涂两颊泛红区域。

05用遮瑕刷均匀地将脸颊上的绿色遮瑕晕开，对泛红区域进行调色。

06将粉底液点涂在面部，用湿润的海绵蛋均匀地点按全脸，拍打脸部皮肤，使底妆轻薄且富有遮瑕性。

07用肉粉色遮瑕膏对眼下暗沉区域进行中和颜色遮瑕。

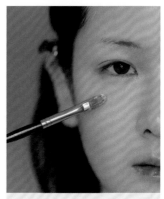

08用浅黄色遮瑕对泪沟凹面进行提亮。

09用散粉刷取保湿型散粉，点按全脸进行定妆。

10用大号晕染刷取浅棕色眼影涂整个眼窝，为后续打底。

11用中号眼影刷取棕色眼影，沿着睫毛根部和下眼睑晕染，眼尾处加深。

12用小号晕染刷取深棕色眼影，加深上下眼睑后1/3区域，加强眼睑下至感。

13 用小号锥形刷取橘色偏光眼影,涂卧蚕和内眼角。

14 用睫毛夹从根部发力夹翘睫毛,仔细地涂上睫毛定型液,保持睫毛根根分明且卷翘的状态。

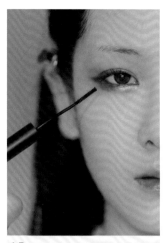

15 用极细睫毛膏从睫毛根部到末梢刷出根根分明的睫毛。

16 用黑色眼线笔沿着睫毛根部描画眼线,填补睫毛根部空隙,眼尾顺势拉出。

17 用深咖啡色眉笔沿着修好的眉毛,勾勒出眉形。

18 用削成鸭嘴形的黑色拉线眉笔,按照眉毛的毛发生长趋势、一根一根勾勒眉毛,塑造自然的眉毛毛绒感。

19 用鼻影刷取阴影粉,加深眼窝和鼻子两侧,用高光刷取高光粉,重点提亮鼻头、山根区域。

20 用腮红刷取粉橘色腮红,轻柔地扫脸颊处,和眼尾处眼影衔接自然,塑造古典柔美感。

21 用阴影刷取阴影粉,扫颧骨向下区域和下颌线区域,令面部更加立体。

22 用高光刷对额头、鼻子、苹果肌、下巴等区域扫上高光粉,使面部更加饱满立体。

23 用唇刷取红色口红,薄涂一层并勾勒唇形,在嘴唇内侧叠涂几次使颜色饱和。

24 用透明唇釉叠涂唇部,妆面造型结束。

发型示范

01 梳理顺头发，将前区中分，后区头顶区域头发扎马尾。

02 将后区头顶区域头发用三股辫编发手法编麻花辫后，用一字卡固定盘起。压着后区分区线固定一个假发包，将后区其余头发喷上发胶定型，梳理整齐后使其包在假发包上。

03 压着前区分区线左右各固定假发包，将前区头发喷上发胶并分别向头顶提拉固定在发包上。将所有发尾编好盘起，固定一个大小合适的圆饼形假发包，盖住所有碎发。

04 在假发包侧前方固定一片打理通顺的、长约80cm的假发片。

05 在固定假发片的位置之上固定一个长条形的假发包。

06 将假发片分为两份，其中一份向后梳理包住半侧假发包，下一字卡固定。

07 将假发向上提拉，然后如图所示拧转做环，下U形卡固定，发尾反向塞入箭头所示位置。

08 将另外一份假发从左上方拉起，向下梳理，包住上方假发包，下对卡固定。

09 将剩下头发向上梳理，在顶部用U形卡固定。

10 将假发向下梳理包住左边外侧，并下绕一圈包住底部头发。

11将发尾塞入假发片底部，并用一字卡
固定好。

12整理碎发，调整细节，喷上定型发胶。

13戴上头饰，造型结束。

 风情万种唐代舞女造型

背景分析

唐代诗人岑参有诗曾云"回裾转袖若飞雪，左鋋右鋋生旋风。琵琶横笛和未匝，花门山头黄云合。"在大唐盛世中，一定有这么一位热情如火、风情万种的舞娘。她举手投足、眼角眉梢间皆是风情，她的舞姿就是大唐盛世包容万物的映射。本案例示范一款风情万种的唐代舞女造型。

操作要点

模特眼下暗沉，有泪沟，皮肤整体状态较好。妆容的重点是塑造柔媚多情的感觉，眼影依托模特自身的眼形晕染出微微上扬的效果，眉尾也拉长上扬，使眼角眉梢呈现魅惑的感觉；唇部要丰厚且饱满；繁复华丽的花钿使整个妆面有着传统的中原风格。发型的难点在于多次拧环的相互叠加后塑造高发髻，高发髻要有层次感和空间感，使整体的发型轻盈华丽，符合"舞娘"的形象设定。饰品选择大量华丽且繁复的金饰，营造大唐华丽、奢靡的感觉。

01用修眉刀按照设计好的妆容修理眉毛，清理干净面部。

02用舌形刷将高保湿的护肤乳均匀地涂在皮肤上，打圈按摩至吸收。

03用含控油成分的隔离均匀地涂全脸，使皮肤后续具有亚光感。

04用手指将粉底液在脸上点按，并用湿润的海绵蛋点按均匀地晕开粉底液，使底妆轻薄自然。

05用肉粉色遮瑕膏对黑眼圈进行遮瑕。

06用散粉刷取保湿型散粉，点按全脸进行定妆。

07用大号晕染刷取浅咖色眼影涂整个眼窝，然后利用余粉加深下眼睑。

08用中号眼影刷取浅棕色眼影，沿着睫毛根部和下眼睑加深，区域比上一步略小，同时加深眼尾处。

09用中号晕染刷取红色眼影，加深上眼睑并拉出上扬的眼尾，边缘过渡处晕染自然。

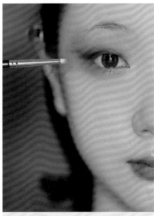

10用锥形刷取橘色偏光眼影，涂在卧蚕处，提亮卧蚕。

11用睫毛夹从根部发力夹翘睫毛，仔细地涂上睫毛定型液，保持睫毛自然且根根分明的状态。

12用极细睫毛膏从睫毛根部到末梢刷出根根分明的睫毛。

13用酒红色眼线笔沿着睫毛根部描画眼线，填补睫毛根部空隙，眼尾处顺势拉出上挑的眼线。

14用中号眼影刷取红棕色眼影，加深眼尾和下眼睑后1/4区域。

15用咖啡色眉笔沿着修好的眉毛，勾勒出弧度自然、眉尾微微上扬的眉形。

16用削成鸭嘴形的黑色拉线眉笔，按照眉毛的毛发生长趋势、一根一根地勾勒眉毛，塑造自然的眉毛毛绒感。

17用鼻影刷取阴影粉加深眼窝和鼻子两侧，用高光刷取高光粉涂刷提亮山根和鼻头。

18用阴影刷取阴影粉扫下颌线区域，令面部更加立体。

19用腮红刷取粉橘色腮红轻柔地扫脸颊处，使腮红和眼尾处眼影衔接自然，塑造古典柔美感。

20用高光刷给额头、鼻子、苹果肌、下巴等区域扫高光，使面部更加饱满立体。

21用唇刷取红色口红薄涂一层勾勒唇形，在嘴唇内侧叠涂几次，使颜色更加饱满浓郁。

22画上设计好的花钿，妆面操作结束。

01 梳理顺头发，将前区中分，后区如图所示分区，并将后区头顶区域头发扎成马尾。

02 将后区头顶头发用三股辫编发手法编麻花辫，然后盘起用一字卡固定为发型底座。

03 用密齿尖尾梳将后区其余头发向上梳起，用皮筋固定在分界线上方，喷上发胶固定碎发。

04 将头发用三股辫编发手法编麻花辫，绕底座盘起后用一字卡固定，套上发网包裹碎发。

05 梳理前区头发，两侧各预留出一小缕，其余向内拧转，固定在底座上。

06 在前区斜前方向前方固定一片打理通顺的、长约80cm的假发条，同时在固定位置上方固定一个中号圆饼形假发包。

07 将假发条分为3份，将中间一份向后梳，包住圆饼形假发包，尾端下对卡固定住。

08 将上一步假发分出一缕，向头顶方向梳理整齐后，用手拧转做环。

09 下U形卡固定假发，发尾收在假发位置下，用无痕定位夹固定发环，注意保持整洁。

10 用同样手法在步骤09固定的发环上，拧转固定步骤08操作后剩余的假发。

11 将步骤10剩余的两侧假发片的左侧部分逆时针绕底座，包住底座下方，在头右后方下一字卡固定，剩余假发梳理整齐备用。

12 将步骤11剩余假发绕着底座偏上一些位置，反向向斜上方包起，然后在发型前方下一字卡固定。

13 将剩余发尾喷发胶梳理整齐，向内扣卷，藏入附近发片，用无痕定位夹固定发环并保持整洁。

14 将剩余假发片分出一小缕，穿过步骤09的发环。

15 将假发向下梳理，固定在发型底座并做出弧度。

16 将假发向上提拉梳理，固定在前一步头后侧并做弧度，发尾藏入附近发片。

17 将剩下假发向上梳理，固定在头顶发环上。

18 将假发片喷上发胶梳理整齐穿过步骤13发环。

19 将步骤18剩余的假发向上提拉梳理，然后如图所示弯曲并向下做环，用U形卡在箭头所指位置辅助固定立环。

20 将剩余发尾喷发胶梳理整齐，向内扣卷，发尾藏入附近发片，用一字卡固定。

21 在发髻底层固定半片长约80cm的假发片，分出一小缕备用。

22 将剩余头发分出发量较多的一缕假发，向上梳理在发髻后上方固定。

23 顺着假发自然垂落方向向下梳理整齐头发，遮住碎发后向内拧转下对卡固定，发尾向上提起梳理整齐。

24 将剩余发尾喷发胶梳理整齐，向内扣卷，并用一字卡固定。

25将步骤22剩余假发梳理整齐绕着底座固定，喷上发胶。

26将假发在绕过底座固定后向上提拉做发环。

27发尾梳理整齐后塞入步骤24假发下，进行遮挡固定。

28拆去定位夹，调整细节，喷上定型发胶。

29戴上头饰，造型结束。

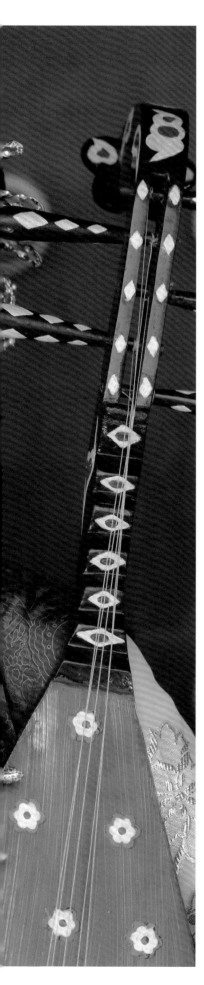

端庄优雅唐代贵妇造型

 背景分析

　　唐代如同这个朝代最崇尚的牡丹花一样，繁复且美艳。唐代贵妇应有最华丽的衣着、最精细的妆容。本案例示范一款优雅端庄、华丽灵动的唐代贵妇造型。

操作要点

　　此款妆容的重点在于塑造富有光泽感且遮瑕力强的底妆，同时要注意控油；此外，模特眼下暗沉，有泪沟，皮肤有轻微的斑点，要注意处理。模特服装色彩比较淡，所以在这个妆容的色彩搭配上也没有选择非常浓烈的颜色，而是选择了比较切合服装颜色的橘色；眼影和唇妆浅浅地晕染，搭配花钿，彰显大唐的华丽气势。发型的难点在于对称造型的细节把控，通过成品发髻的使用，可以快速做出高髻，发髻之间点缀细发环，增加了发型的灵动感。为避免整体造型沉闷、老气，饰品选择华丽的金饰和一些流苏饰品，使造型富贵华丽又富有灵动感。

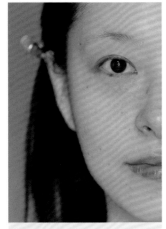

01用修眉刀按照设计好的妆容修理眉毛，清理干净面部。

02用舌形刷将高保湿的护肤乳均匀地涂在皮肤上，打圈按摩至吸收。

03用提亮液均匀地涂全脸，增加皮肤的光泽和通透感。

04用粉底刷将控油型粉底液在脸上均匀刷开，顺着一个方向刷，使底妆轻薄且富有遮瑕性。

05用肉粉色遮瑕膏对黑眼圈进行遮瑕。

06将绿色和肉色遮瑕膏混合，对鼻翼两侧发红区域进行遮瑕。

07用浅色遮瑕对泪沟凹面进行提亮。

08用大号晕染刷取浅棕色眼影涂整个眼窝，加深眼窝。

09用中号眼影刷取橘色眼影，沿着睫毛根部和下眼睑晕染，眼尾处加深。

10用中号晕染刷取深橘色眼影，加深上下眼睑后1/3区域，边缘与眼影衔接处要耐心晕染，过渡自然。

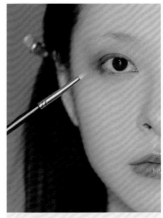

11用小号锥形刷取橘色偏光眼影，涂在卧蚕处，提亮卧蚕。

12用睫毛夹从根部发力夹翘睫毛，仔细地涂上睫毛定型液，保持睫毛根根分明的状态。

13 用极细睫毛膏从睫毛根部到末梢刷出根根分明的睫毛。

14 用黑色眼线笔沿着睫毛根部描画眼线，填补睫毛根部空隙，眼尾顺势拉出。

15 用咖啡色眉笔沿着修好的眉毛勾勒出弧度自然的眉形，眉形线条要流畅。

16 用削成鸭嘴形的黑色拉线眉笔，按照眉毛的毛发生长趋势、一根一根地勾勒眉毛，塑造自然的毛绒感。

17 用腮红刷取粉橘色腮红，轻柔地扫脸颊，与眼尾处眼影衔接自然，塑造古典柔美感。

18 用阴影刷取阴影粉，扫眼窝、鼻子两侧和颧弓骨下方区域，令面部更加立体。

19 用高光刷取高光粉，扫额头、鼻子、苹果肌、下巴等区域，使面部更加饱满立体。

20 用遮瑕刷取粉底，遮盖原有唇部颜色。

21 用唇刷取红色口红薄涂一层勾勒唇形，在嘴唇内侧叠涂几次，增强唇部渐变感。

22 取砖红色口红叠涂唇部内侧，使唇妆更有立体渐变感。

23 画上设计好的花钿，妆面操作结束。

发型示范

01 梳理顺头发，前区中分，后区如图所示进行分区，将后区头顶区域头发扎成马尾。

02 将后区头顶头发用三股辫编发手法编麻花辫，盘起后用一字卡固定为发型底座，套上发网保证底座整齐。压着前后区分区线，在左右和后方，各固定一个长条形假发包。

03 用密齿尖尾梳将后区真发梳理整齐后包在后区假发包上固定好，喷上定型发胶。

04 用密齿尖尾梳将前区头发梳理整齐并包在发包上，下对卡固定在底座上，喷上定型发胶，将所有发尾编好固定起来。

05 在底座上固定一个大小合适的圆饼形假发包，盖住所有碎发。

06 在假发包前方固定一片打理通顺的、长约80cm的假发片。

07 将假发片向后梳，包住圆饼形假发包，尾端下对卡固定。

08 将制作好的成品假发髻用一字卡固定在发包前侧。

09 将步骤07剩下头发分为3份，中间一份发量较多，两侧发量较少。

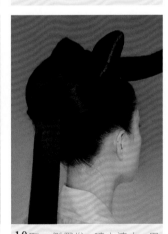

10 取一侧假发，喷上清水，用板梳打理通顺，拉到模特右侧，用一字卡固定在成品假发髻前方。

11 将假发向上翻转，包住成品假发髻，固定后将发尾藏在前一步右侧假发之下，另一侧做同样对称处理。

提示 在进行这一步的操作时，要注意固定的发包应呈现出左右对称的效果。

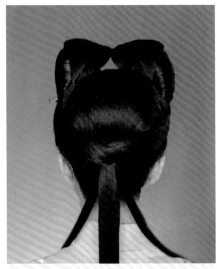

12 将剩下的中间假发继续分为3缕，其中中间的一缕较粗，两边的较细。

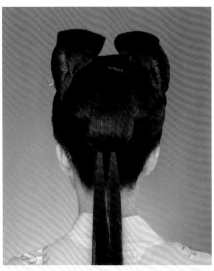

13 将中间较粗的一缕向上提起，下对卡固定在头顶上方后，反向打卷收起发尾。

14 固定半片长约60cm的假发片在前一步发尾收尾处，将假发均分为两份。

15 将左侧头发向右梳，右侧向左梳，包住步骤13打卷的发尾，下对卡固定。

16 在两侧各做一个小小的发环，发尾向上梳整齐，交叠固定在头顶。

17 将步骤12剩下的两缕假发向上梳，固定在头顶。

18 反向向上推起立环，发尾收在步骤13包起的头发之下。

19 喷上定型发胶，整理碎发。

20 戴上准备好的头饰，造型结束。

清丽慵懒宋代女子造型

 背景分析

　　宋代女子喜欢穿着长褙子拉高身形，使身形显得清丽修长。本案例造型设定一个黄昏时分在园内采摘鲜花并准备插花的宋代女子的形象。妆容风格应略带慵懒感，服装选择宽带有大量绣花的复原款褙子，使人物古典又精致。

操作要点

　　该模特皮肤偏暗沉，眉毛有缺失，在造型时需要注意处理。底妆的难点是塑造裸妆感，妆容整体强调复古感；腮红选用橘色的腮红膏，用指腹晕染开后叠加散粉使模特皮肤自然透发出气色；眼妆选择偏棕色眼影塑造一种午后的慵懒感；唇形刻画清晰，打造出饱满的红唇。发型重点是对不对称前区包发、整体发髻弧度和发环的处理，在分区时前区用不对称分区，增加飘发塑造灵动自然感；后区选择扎起一束的手法，束发位置在后发际线下部，强调古典感。饰品选用玉簪花和烫花的相互叠加，搭配绣花服装，与采花主题相互呼应。

妆容示范

01 用修眉刀按照设计好的妆容修理眉毛，清理干净面部。

02 用舌形刷将高保湿的护肤乳均匀地涂在皮肤上，打圈按摩至吸收。

03 用含控油成分的隔离均匀地涂抹全脸，增加皮肤亚光感。

04 用粉底刷取粉底液，顺着皮肤纹理方向均匀涂抹皮肤。

05 用遮瑕刷取浅色遮瑕，对泪沟凹面进行提亮。

06 用散粉刷取含保湿成分的透明散粉，轻柔地点按全脸进行定妆。

07 用大号晕染刷取浅咖色眼影，涂整个眼窝，加深眼窝。

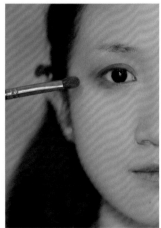

08 用中号眼影刷取棕色眼影，刷在上下眼睑眼尾处，加深眼尾，过渡处晕染要自然。

09 用小号眼影刷取红棕色眼影，刷下眼睑眼尾处，增强眼睑下至效果。

10 用睫毛夹从根部发力夹翘睫毛，涂上睫毛定型液，保持睫毛卷翘且根根分明的状态。

11 用极细睫毛膏从睫毛根部到末梢仔细地刷出自然且根根分明的上下睫毛。

12 用黑色眼线笔沿着睫毛根部勾勒内眼线，将眼尾处适当拉长。

13用深咖啡色眉笔沿着修好的眉毛，勾勒出弧度自然的眉形，保持眉形线条流畅。

14用削成鸭嘴形的黑色拉线眉笔，按照眉毛的毛发生长趋势、一根一根地勾勒眉毛，补齐缺失区域，刻画出眉毛的毛绒感。

15用鼻影刷取阴影粉，加深眼窝和鼻子两侧，用高光刷取高光粉，重点提亮鼻头、山根区域。

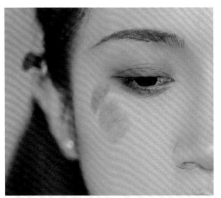

16用指腹取橘色腮红膏点涂在脸上。

17用手指在脸颊上点按，晕开腮红膏。

18用散粉刷取散粉，轻柔地扫腮红区域，使腮红颜色更柔和自然。

19用阴影刷取阴影粉，在鼻翼两侧、颧骨区域下方扫上阴影，用高光刷取高光粉，扫鼻头、山根、额头、下巴、苹果肌区域，令面部更加立体。

20用红枫色口红勾勒出清晰、饱满的唇形。

21喷上定妆喷雾，妆容操作结束。

发型示范

01 梳理顺头发，前区三七分区，后区分上下两区，并用三股辫编发手法编麻花辫。

02 将后区两束头发盘起，用一字卡固定，作为发型底座，将右前区头发梳理整齐，留一些碎发后向内拧转，固定在底座上。

03 将前区左侧头发分出头顶区域头发，向内拧转固定在底座上。

04 将左侧分区剩余头发留下一缕碎发并向内拧转，固定在底座上。

05 将所有头发固定后套上发网，保证底座整齐，然后在底座上固定一个圆饼形假发包。

06 在假发包上向后下对卡固定一片打理通顺的、长约80cm的假发片。

07 在假发包上向前下对卡固定一片打理通顺的、长约80cm的假发片，在前后假发片固定位置上方固定一个长条形假发包。

08 将前区假发梳理整齐后分为多少不等的3份，注意最上区域的一份假发量略多。

09 将最上区域较多发量的假发向后梳理包住假发包，用U形卡固定。

10 将剩余假发梳理后，拎起向头顶拧转做环。

11 用一字卡固定前侧立环，剩余头发梳理整齐备用。

12 向左下梳理假发，做出弧度后固定假发。

13 发尾碎发可以固定在披发下面的假发包上。

14 将中间的一份假发包裹假发片底部向左上提拉。

15 在假发包左侧（箭头处）下U形卡固定假发片。

16 将剩下假发梳理后拎起向左侧拧转做环。

17 在环上下U形卡固定并调整环的形状，喷上定型发胶。

18 将剩下的发尾碎发梳理整齐后固定在披发下面的假发包上（箭头所指位置）。

19 将最后一份假发向上梳理通顺后做个小环，在发髻顶部用U形卡固定。

20 剩余头发梳理整齐，用拉发器穿过步骤11的固定发环。

21 将剩余假发喷上发胶，然后按照箭头方向用U形卡固定在发髻后侧，用皮筋将后部假发片扎成一束。

22 用发蜡棒调整额前碎发，将多余假发碎发用剪刀剪去。

23 戴上准备好的头饰，造型结束。

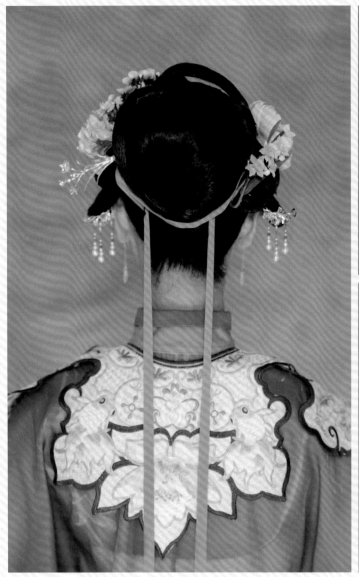

 # 温婉文雅明代女子造型

背景分析

　　江南独特的地理位置，使此处风雅活动很多。春日踏春赏花，夏日纳凉观荷，秋日登高拜月，冬日小酌寻梅。本案例示范一款在江南夏日里纳凉观荷的温婉明代女子造型。

操作要点

　　模特眼下略暗沉，鼻翼轻微泛红，造型时注意处理。妆容重点是塑造富有光泽的亚光感底妆，彩妆依托模特气质塑造淡雅且富有古典感的妆感，难点是晕染小内双眼形的眼影时把握颜色层次。发型以明代三绺头发型为基础，结合现代审美对其进行改造和处理，调节燕尾弧度，发髻要有纹理和层次感，难点是对两鬓鬓发的处理，要使之弧度自然整齐，且微微上翘（这对化妆师对于发束推弧度的把握和下卡子位置的判断有一定的要求）。饰品选择烫花及流苏银饰，呼应"夏日纳凉"的主题。

妆容示范

01用修眉刀按照设计好的妆容修理眉毛，清理干净面部。

02用舌形刷将高保湿的护肤乳均匀地涂在皮肤上，打圈按摩至吸收。

03用提亮液均匀地涂全脸，增加皮肤的光泽和通透感。

04用粉底刷将控油型粉底液均匀地在脸上刷开，要顺着一个方向刷，使底妆轻薄且富有遮瑕性。

05用肉粉色遮瑕膏对黑眼圈进行遮瑕。

06用散粉刷取散粉，进行全脸定妆。

07用大号晕染刷取浅棕色眼影涂整个眼窝，加深眼窝。

08用中号眼影刷取棕色眼影，沿着睫毛根部和下眼睑晕染，眼尾处加深。

09用小号晕染刷取深棕色眼影，加深上下眼睑后1/3的区域，边缘和眼影衔接处耐心晕染，使其过渡自然。

10用小号锥形刷取橘色偏光眼影，涂卧蚕处和内眼角区域，进行提亮。

11用睫毛夹从根部发力夹翘睫毛，仔细地涂上睫毛定型液，保持睫毛自然且根根分明的状态。

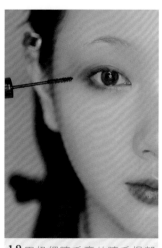

12用极细睫毛膏从睫毛根部到末梢刷出根根分明的睫毛。

13 用稍浅咖啡色眉笔沿着修好的眉毛，勾勒出弧度自然的眉形，保持眉形线条流畅。

14 用削成鸭嘴形的黑色拉线眉笔，按照眉毛的毛发生长趋势、一根一根地勾勒眉毛，塑造眉毛自然的毛绒感。

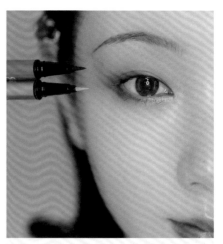

15 用深绿色眼线笔沿着睫毛根部描画眼线，填补睫毛根部空隙，用浅绿色眼线笔沿眼尾顺势拉出眼线。

16 用腮红刷取粉橘色腮红，轻柔地扫脸颊处，与眼尾处眼影衔接自然，塑造古典柔美感。

17 用阴影刷取阴影粉，扫颧弓骨下方区域。用鼻影刷取阴影粉扫眼窝和鼻子两侧，塑造立体鼻形。

18 用高光刷取高光粉，为额头、鼻子、苹果肌、下巴等区域扫高光，使面部更加饱满立体。

19 用唇刷取红色唇釉，薄涂一层勾勒唇形，然后在嘴唇内侧叠涂几次。

20 取粉色偏光唇釉叠涂嘴唇内侧，使唇妆更有光泽。

21 调整细节，妆面操作结束。

发型示范

01 梳理顺头发，将前区中分，将后区如图所示进行分区，并将后区头顶区域头发扎成一个马尾。

02 将后区头顶区域头发用三股辫编发手法编麻花辫，盘起后用一字卡固定，套上发网保证底座整齐。

03 用密齿尖尾梳将后区下部头发梳理整齐后向上扎起并抽出饱满的弧度，注意扎起位置沿着分界线。

04 将后区下部扎起的头发用三股辫编发手法编麻花辫，绕着底座盘起并固定住。

05 将前区两侧头发向头部中心拧转，适当向前推起后，向下用手拉出一个微微翘起的弧度，之后将剩余头发盘在底座上。

06 将两侧鬓发固定好，调整对称两侧弧度，用定位夹固定前额碎发。

07 在发髻前区侧边固定半片打理通顺的假发。

08 将假发向后梳理整齐，覆盖住底座，下一字卡固定在底座根部。

提示 鬓发可以用定位夹反向固定在下方，托起两边鬓发方便定型。

09 将剩下假发分为两份，将其中一份向上提拉梳理整齐，包住侧边发髻底座，在底座前区用一字卡固定。

10 将剩余假发喷上清水，并用板梳打理通顺，然后在发髻顶部做环。

11 将假发发尾喷上发胶，向上提拉做环，然后将发尾藏入步骤09的假发片底部。

12 将剩下的一份假发分为粗细不一的两缕，然后将较粗的一缕提拉梳理整齐，在发髻顶部拧环。

13 顺势将剩余假发固定在另一侧，适当推起做环，然后将发尾收在步骤10的发环内侧。

14 将剩余较细的一缕假发梳理整齐后，从后区用一字卡固定在化妆刷所指的位置。

15 如图所示用拉发器将剩余假发从步骤13发环里穿出，剩余的发尾固定在发髻底座的底部即可。

提示 喷上定型发胶后，可以用U形卡辅助发环定型。

16 喷上定型发胶，整理碎发。

17 戴上准备好的头饰，造型结束。

甜美可爱明代少女造型

 背景分析

　　明代有一种女子服饰，那就是交领短袄。交领短袄搭配合适的绣花花纹很能体现少女的娇俏活泼感。本案例示范一款明代甜美活泼少女造型。

操作要点

　　模特皮肤偏暗沉，眉毛有缺失，造型时注意处理。妆容重点是塑造有光泽且自然的少女清透底妆，眼妆弱化眼影颜色，着重强调卧蚕，唇部叠涂偏光唇釉，突出少女的甜美感。发型难点是对头发对称感的把握，在用双手调节发环弧度时要时刻注意两侧发环及发型前后的对称性；用卷发棒将刘海烫到合适弧度，发型两侧保留两缕头发突出甜美感。饰品选择流苏的珠串，搭配绢花，使人物看上去更加可爱。

01用修眉刀按照设计好的妆容修理眉毛，清理干净面部。

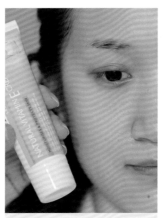

02用舌形刷将高保湿的护肤乳均匀地涂在皮肤上，打圈按摩至吸收。

03用提亮液均匀地涂抹全脸，增加皮肤的光泽和通透感。

04用粉底刷取粉底液，顺着皮肤纹理方向均匀地涂抹皮肤，使底妆自然且富有遮瑕性。

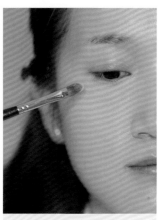

05用遮瑕刷取浅色遮瑕，对泪沟凹面进行提亮。

06用散粉刷取含保湿成分的透明散粉，轻柔地点按全脸进行定妆。

07用大号晕染刷取浅咖色眼影涂整个眼窝，加深眼窝。

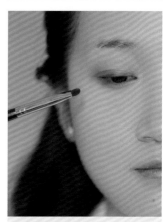

08用中号眼影刷取棕色眼影，刷上下眼睑眼尾处，加深眼尾，过渡处晕染自然。

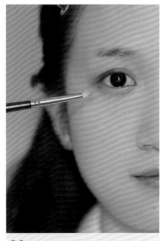

09用小号锥形刷取偏光粉色眼影涂卧蚕，和眼尾处眼影衔接自然。

10用指腹取金色眼影点涂上眼皮中间，使眼妆更有光泽。

11用睫毛夹从根部发力夹翘睫毛，涂上睫毛定型液，保持睫毛卷翘自然且根根分明的状态。

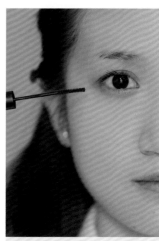

12用极细睫毛膏从睫毛根部到末梢仔细地刷出根根分明的上下睫毛。

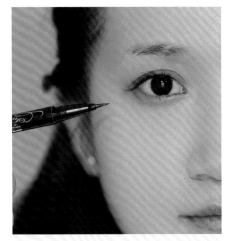

13 用黑色眼线笔沿着睫毛根部勾勒眼线，眼尾顺着眼睛向下拉出。

14 用中号晕染刷沿着眼尾眼线晕染加深眼尾。

15 用咖啡灰色眉笔沿着修好的眉毛，勾勒出弧度自然、线条流畅的眉形。

16 用削成鸭嘴形的黑色拉线眉笔，按照眉毛的毛发生长趋势、一根一根地勾勒眉毛，补齐缺失区域，仔细刻画出毛绒感。

17 用鼻影刷取阴影粉加深眼窝和鼻子两侧，用高光刷取高光粉重点提亮鼻头、山根区域，塑造挺拔的鼻形。

18 用腮红刷取浅粉色腮红，轻柔地扫脸颊中间区域，塑造自然红润的少女感。

19 用阴影刷在颧弓骨下方扫阴影，令面部更加立体。

20 唇部用豆沙色口红薄涂一层，塑造少女粉嫩嘴唇。

21 用偏光唇釉叠涂唇部中间，妆面操作结束。

发型示范

01 梳理顺头发，将前区中分，后区如图所示分上下两区，并用三股辫编发手法编麻花辫。

02 将后区两束头发盘起后用一字卡固定，套上发网保证底座整齐。

03 将前区左右两侧头发梳理整齐，向内拧转固定在发型底座上。

04 在底座上固定一个大小合适的圆饼形假发包。

05 在假发包前后用对卡各固定一片打理通顺的、长约80cm的假发片。

06 将前片假发梳理整齐，向后梳理包住假发包，根部用皮筋扎紧，喷上定型发胶。

07 将假发均分两份，取右侧的一份假发向右前方拉，并向上翻转做环，下一字卡将其固定在发包右上方。

08 将发尾向内侧翻转，下一字卡固定。

09 左侧一份假发对称处理，然后将后片假发片分出两小缕放在两侧备用，剩余假发均分两份。

10 将左侧一份假发向右梳，右侧一份向左梳，遮挡住杂乱的头发，在发包前下U形卡固定。

11 将头发梳理整齐在发包前立环，发尾向后拉，并下U形卡固定。

12 将发尾梳理整齐后向内扣卷收起，用一字卡固定。

13 调整发型至对称，喷上定型发胶，多余碎发用剪刀剪去。

14 戴上准备好的头饰，造型结束。

妩媚华贵唐代新娘造型

 背景分析

　　唐制婚服因其独有的华丽飘逸又妩媚柔美的特点，是很多新娘出阁的首选。唐代特有的却扇礼，更添新娘一抹娇羞。本案例示范一款妩媚华贵的唐代新娘造型。

操作要点

　　模特眼下暗沉，鼻翼两侧暗沉，皮肤状态较差，造型时注意处理。妆容整体主要强调新娘的妩媚华丽，底妆强调无瑕好肌肤的效果，眼影注重拉长眼形和强调眼睑下至的效果，睫毛用自然款眼尾加密的假睫毛塑造妩媚多情的双眸，唇部用正红色唇釉画饱满，华丽的花钿烘托新娘的华丽感。发型重点是用提前制作好的成品假发髻和发网，缩短发型制作的时间；用假发片在发髻的基础上绕环，增加空间感、层次感。饰品选择鸳鸯和大雁样式的金饰和流苏，呼应唐代婚礼主题，同时为造型增添妩媚感。

妆容示范

01用修眉刀按照设计好的妆容修理眉毛，清理干净面部。

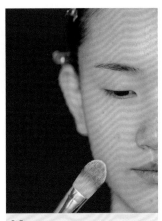

02用舌形刷将高保湿的护肤乳均匀地涂在皮肤上，打圈按摩至吸收。

03用控油隔离均匀地涂抹皮肤进行打底。

04将粉底液点涂在脸上，用湿润的海绵蛋轻柔地拍打均匀，使底妆轻薄自然。

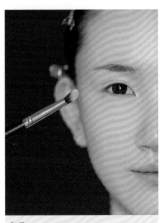

05用遮瑕刷取肉粉色遮瑕膏，对眼下暗沉区域进行遮瑕，用肤色遮瑕对其他痘印进行遮瑕。

06用散粉刷取透明散粉，轻柔地点按全脸进行定妆。

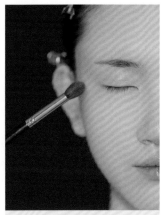

07用大号晕染刷取浅金色眼影涂整个眼窝，使眼部皮肤更加透亮。

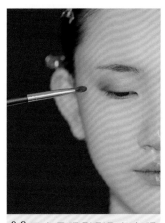

08用中号眼影刷取红色眼影，从眼尾沿着睫毛根部进行过渡晕染。

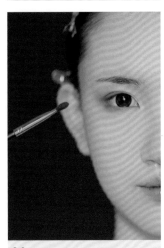

09用中号晕染刷取粉橘色眼影，晕染下眼尾处。

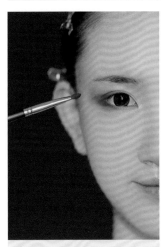

10用中号眼影刷取棕色眼影，晕染上下眼睑眼尾处，拉长眼形，塑造妩媚感。

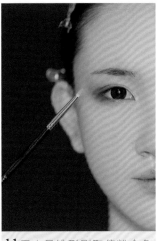

11用小号锥形刷取偏粉金色眼影，涂卧蚕处及下眼睑眼尾处，与眼影衔接自然。

12用睫毛夹从根部发力夹翘睫毛，仔细地涂上睫毛定型液，保持睫毛自然且根根分明的状态。

13用镊子将准备好的、剪成小段的自然款透明梗假睫毛沿着上睫毛根部粘贴，放大眼睛中部，用磨尖自然款假睫毛对下睫毛进行处理，整体上拉长眼形。

14用棕色眼线笔从眼睛后1/2的区域沿着睫毛根部画眼线，眼尾顺着假睫毛稍微拉出，保持微微上扬，使眼妆整体带有妩媚感。

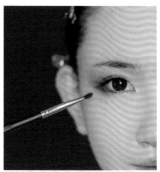

15用小号晕染刷沿着眼线晕染加深眼尾，注意眼影边缘和眼线要耐心晕染，使其过渡自然。

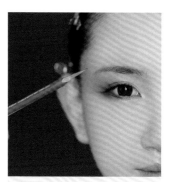

16用浅咖啡色眉笔沿着修好的眉毛，勾勒出弧度自然、线条流畅且眉峰微微挑起的眉形。

17用削成鸭嘴形的黑色拉线眉笔，按照眉毛的毛发生长趋势、一根一根地勾勒眉毛，塑造自然的眉毛毛绒感。

18用腮红刷取浅粉色腮红，轻柔地扫脸颊处，与眼尾处眼影衔接自然，体现红润好气色。

19用阴影刷取阴影粉，扫眼窝、鼻子两侧和颧弓骨下方区域，令面部更加立体。

20用高光刷为额头、鼻子、苹果肌、下巴等区域扫上高光，使面部更加饱满立体。

21用唇刷取正红色唇釉，勾勒流畅的唇形，叠涂几次使唇部颜色更加浓郁。

22用唇刷取唇釉，勾勒并晕染出设计好的花钿。

23给花钿贴上装饰，妆面操作结束。

发型示范

01 梳理顺头发，将前区中分，后区中分后分别编成麻花辫并扎起。

02 将后区两个麻花辫，沿着前后区分界线用一字卡固定盘起。

03 紧贴盘起的麻花辫，左右各固定一个长条形假发包。

04 用密齿尖尾梳将前区头发梳理整齐后包在假发包上，下对卡固定在盘起的麻花辫之后。

05 将前区固定后的剩余头发盘起，用一字卡固定，套上发网保持整齐。

06 在后区固定一个大小合适的圆饼形假发包。

07 在假发包右上方下对卡固定一片打理通顺的、长约60cm的假发片。

08 将假发片向左下梳理包住后区头发，然后将假发片反向包住侧面的麻花辫。

09 在假发包左上方下对卡固定一片打理通顺的、长约60cm的假发片，同右上方假发做对称处理。

10 为后区套上发网，调整形状至饱满。

11 在头顶前后各固定一片打理通顺的、长约80cm的假发片。

12 用一字卡固定两环假发髻，多下几个发卡使假发髻固定牢固。

13 在头顶压着两环假发髻固定一个假发包。

14 将头顶前边假发片梳理整齐，向后包住前一步固定的假发包，根部用皮筋扎紧，喷上发胶。

15 将两环假发髻向前压，末端用一字卡固定，调整出合适的弧度。

16 将头顶后边的假发片分为3份。中间一份发量偏少，留出备用。两侧发量偏多，用发网分别包裹住两侧假发，压在假发髻上。

提示 注意不计发网包裹住整个假发髻的发环整体，否则从侧面看会看到发网，使头发、发髻空间层次感被破坏。

17 将剩余假发梳理通顺，用一字卡固定在前区包发底部。

18 将剩余发尾向上翻卷，用一字卡固定在发包根部。

19 用同样手法固定另一份假发，中间的假发再均分两份。

20 将步骤16留下备用的假发，从发髻后侧交叉围绕底座，缠绕一圈分别固定在发髻后侧。

21 将步骤20剩余头发扎起备用，再将步骤14扎起的假发打理通顺后均分为两份。

22 取右侧假发向右前方拉，下一字卡固定在右侧发包箭头处。

23 发尾喷发胶理顺后向上拉起，固定在两环假发髻外侧后方位置。

24 将发尾打卷固定在假发髻内侧，用同样手法对称处理另一侧头发。在两环假发髻后侧中间用对卡固定一片长约80cm的假发片。

25 将假发均分3份，中间一份假发用两股辫编发手法编起来备用。

26 将编好的两股辫环绕在两环假发髻外侧后方，并用一字卡固定好。

27 将两侧假发用板梳打理通顺后向上拉起，包在两股辫外侧，并固定在两环假发髻正上方。

28 将假发向下弯曲做环，下卡子固定在两环假发髻内侧。

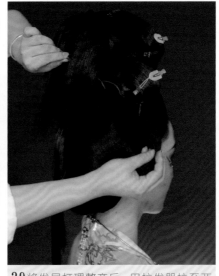

29 将发尾打理整齐后，用拉发器拉至两环假发髻正后方。

30 将两侧发尾用一字卡固定在两环假发髻后侧中间。

31 将之前步骤20扎起备用的发尾向上打卷，并用对卡固定在假发髻后侧中间。

32 调整发型至对称，喷上发胶，用发蜡棒抚平碎发，多余碎发可以用剪刀剪去。

33 戴上准备好的头饰，造型结束。

大气典雅明制新娘造型

 背景分析

　　明制汉服凭借其端庄大气的风格、华丽不失典雅的特点，符合中式婚礼仪式喜庆热闹的氛围，被许多新人选择。本案例示范一款大气典雅的明制新娘造型。

 操作要点

　　模特眼下暗沉，有泪沟，鼻翼两侧暗沉，中庭略长，造型时注意处理。明制新娘造型妆容主要强调新娘的端庄感，用提亮液和海绵蛋上妆塑造轻薄且富有光泽的底妆，腮红浅浅晕染粉色塑造好气色，眼妆选择金色眼影突出清透感，睫毛要自然卷翘突出眼神，唇部选择正红色唇釉刻画饱满唇形。发型重点是用制作好的成品假发髻和发网，缩短造型时间；用假发片在发髻基础上绕环，增加发型的空间感、灵动感；用假发饰品使发际线弧度更优美。饰品大量选用金饰叠加，配合凤凰样式的服饰呼应婚礼主题，使整体造型更大气典雅。

妆容示范

01用修眉刀按照设计好的妆容修理眉毛，清理干净面部。

02用舌形刷将高保湿的护肤乳均匀地涂在皮肤上，打圈按摩至吸收。

03用提亮液均匀地涂抹全脸，增加皮肤的光泽和通透感。

04将粉底液点涂在脸上，用湿润的海绵蛋轻柔地拍打均匀，使底妆轻薄自然。

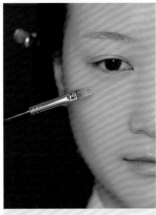

05用肉粉色遮瑕膏对黑眼圈进行遮瑕，并且用浅色遮瑕对泪沟凹面进行提亮。

06用散粉刷取含保湿成分的透明散粉，轻柔地点按全脸进行定妆。

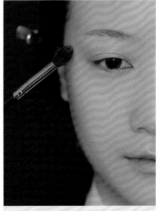

07用大号晕染刷取浅金色眼影涂整个眼窝，使眼部皮肤更加透亮，方便后续上色。

08用中号眼影刷取红色眼影，沿着睫毛根部涂抹上眼皮褶线区域，并将眼尾处加深，确保过渡处晕染自然。

09用大号晕染刷取南瓜色眼影涂整个眼窝，边缘和眼影衔接处要耐心晕染，使其过渡自然。

10用中号眼影刷取棕色眼影晕染眼尾处，加深眼尾，拉长眼形。

11用同一刷子取红色眼影晕染眼角下部，使眼神更富古典感。

12用小号锥形刷取金色眼影，涂卧蚕处，使其与眼尾处眼影衔接自然。

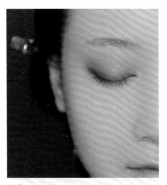

13用指腹取金色眼影点涂上眼皮中间，使睁眼闭眼时眼睛都是有光泽的。

14用睫毛夹从根部发力夹翘睫毛，仔细地涂上睫毛定型液，保持睫毛自然且根根分明的状态。

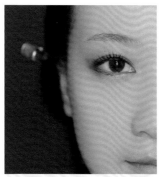

15用镊子将剪成小段的自然款假睫毛从睫毛根部粘贴，贴下睫毛时注意眼尾处稍微下移。

16用棕色眼线笔从眼睛后1/3区域沿着睫毛根部画眼线，眼尾顺着睫毛稍微拉出一点即可，使眼妆整体自然清新。

17用大号晕染刷再次沿着眼线晕染加深眼尾，注意眼影边缘和眼影眼线衔接处要耐心晕染，使其过渡自然。

18用咖啡灰色眉笔沿着修好的眉毛，勾勒出弧度自然、线条流畅的眉形。新娘眉形要考虑与现代风格结合，因为婚礼现场大部分宾客是不太了解汉服的，应避免将眉形处理得过细、过弯。

19用削成鸭嘴形的黑色拉线眉笔，按照眉毛的毛发生长趋势、一根一根勾勒眉毛，塑造自然的眉毛毛绒感。

20用鼻影刷取阴影粉，加深眼窝和鼻子两侧，用高光刷取高光粉，重点提亮鼻头、山根区域，塑造挺拔的鼻形。

21用腮红刷取浅粉色腮红，轻柔地扫脸颊处，和眼尾处眼影衔接自然，彰显红润好气色。

22用高光刷在额头、苹果肌、下巴、太阳穴处扫上高光，使面部更加饱满立体。

23用阴影刷在颧弓骨下方扫上阴影，和腮红晕染衔接自然，令面部更加立体。

24用唇刷取正红色唇釉勾勒流畅的唇形，叠涂几次使口红颜色更加浓郁，妆面操作结束。

发型示范

01梳理顺头发，前区中分，后区如图所示分区，后区中间上下区域头发扎马尾，其他区域头发用定位夹分别固定。

02将后区两束马尾用三股辫编发手法编麻花辫，盘起后用一字卡固定，套上发网保证底座整齐。

03压着前后区分界线，左右各固定牢固一个假发包。

04用密齿尖尾梳将前区头发梳理整齐后包在假发包上，下对卡将其固定在底座上，喷上定型发胶，鬓角用发蜡棒整理碎发。

05将前区固定在底座后剩余的头发用三股辫编发手法编麻花辫，盘起后用一字卡固定在底座上，然后在底座上固定一个大小合适的圆饼形假发包。

06在假发包上下对卡固定一片打理通顺的、长约60cm的假发片。

07将后区两侧剩余的两缕真发向上提拉，固定在假发片上，发尾用三股辫编发手法编麻花辫，盘在头顶并用一字卡固定。

08将假发在真发后区发际线根部用皮筋固定紧，然后向上提起做环，并在后发际线根部用皮筋固定。

09在后区套上发网，在真发后区发际线根部固定半片长约80cm的假发片，并均匀分成两份。

10取其中一份假发，喷上清水，用气囊梳打理通顺。

11用手顺箭头方向将头发掏出，注意另外一份假发翻转反向要与之对称。

12用U形卡将上一步发环顶端固定在后区侧边，发尾用定位夹固定，避免后续弄乱发环。

13 将另外一份假发也固定好，注意调整至对称。

14 将剩余头发梳理整齐并向上包起，发尾用一字卡固定紧，喷上定型发胶，用密齿尖尾梳梳尾抚平碎发，并用定位卡固定最外圈发环，避免后续操作弄乱。

15 在头顶下对卡向前固定一片打理通顺的、长约80cm的假发片。

16 用一字卡、U形卡结合固定三环假发髻，可以多下发卡，使假发髻固定牢固。

17 将头顶前假发均分为3份，中间可以稍微多一些，两侧发量相同，用发网包裹住中间假发，压在假发髻发环上。注意不让发网完全包裹假发髻发环整体，避免头发层次感被破坏。

18 用对卡将假发固定在假发髻后中间位置，余下假发用定位卡固定在一起，避免影响后续操作。

19 用同样手法固定头顶前两侧假发，余下假发用定位卡固定，避免影响后续操作。

提示 这步结束后，需要保证正面发髻对称，不对称时可在固定底座前提下，用手轻微调整假发髻至对称。

20 取一片长约60cm的假发片，打理通顺后平均分两份，沿着两耳连线方向穿过三环假发髻，使假发平均分配在发髻两侧，然后用一字卡固定在成品假发髻内侧。

21 将两侧头发分别分两份。

22 取其中一份拧环固定在发际线发量稀少处，起到遮挡发际线的作用。

提示 注意，此步拧环大小、形状、固定位置都要根据实际发际线情况调节。

23 用一字卡将剩余假发固定在发包根部。

24 将发尾向上提拉，固定在假发髻内侧，喷上发胶，用密齿尖尾梳发尾抚平碎发。用定位夹固定耳边假发，避免后续操作弄乱。之后用同样手法固定另一侧假发。

25 将步骤21分出的两份假发中的一份打理通顺后，按照箭头方向弯曲做环。

26 梳理整齐后，用一字卡、U形卡结合固定在三环假发髻最外侧，发尾拧起来固定在三环假发髻后侧中间位置，另一侧假发也是用同样手法固定。

27 将步骤18固定的假发喷上清水，用板梳打理通顺后平均分为两份，再左右交叉缠绕包在三环假发髻底部。

28 将步骤22一侧剩余的一份假发用板梳打理通顺，然后拧环。

29 将假发拧成的发环，固定在三环假发髻中间环的外侧。

30 将另一侧假发用同样手法对称拧环固定在假发髻上，将发尾藏在发环内侧固定。

31 取半片长约60cm的假发，将其打理通顺，用对卡固定在三环假发髻后侧中间。

32 将假发片平均分为两份，交叉固定在假发髻上。

33 将两份假发向内固定为一束，并用红毛线扎成一束。

34 将发尾打卷用对卡手法固定在三环假发髻后侧中间。

35 调整发型至对称，喷上发胶，用密齿尖尾梳梳尾抚平碎发，多余碎发可以用剪刀剪去。

36 戴上准备好的头饰，造型结束。

复原风格发型

第六章

　　历史长河中很多朝代没有影像资料的传世，却留下了大量的壁画、画作及文学作品，"俊眉修眼，顾盼神飞，文彩精华，见之忘俗""披罗衣之璀粲兮，珥瑶碧之华琚。戴金翠之首饰，缀明珠以耀躯""北方有佳人，绝世而独立""朱粉不深匀，闲花淡淡春。细看诸处好，人人道，柳腰身"……时间流转，这些文学作品中的美人却依旧散发着光芒。

　　本章根据文学作品所描述的古代美人的特点，结合现代审美进行一些人物造型表现，使造型不但富有古典的韵味，又符合现代审美。

庄重古典汉代女子发型

 背景分析

　　汉代女子束长发，或做环髻或长发曳地，前区往往是简单的中分束发，整体造型简洁。以此为基础，设计此款简单古典汉代女子发型。

操作要点

　　使用长假发片做出长发曳地的效果，前区做简单分区后适当推波遮盖发际线，使前额线条更流畅；在发髻后区叠加对称镂空环髻，使发型从正面或侧面看层次和细节更加丰富，避免复古造型的沉闷感。

01 打理通顺头发，前区中分，后区上部如图示所扎起。

02 将马尾用三股辫编发手法编麻花辫，盘起后用一字卡固定，作为发型底座。

03 将后区下部头发梳理整齐后，扎起编成麻花辫。

04 将麻花辫向上盘起，用一字卡固定在头发底座上。

05 在后区分界线上固定一片带卡扣的长约1m的假发片。

06 将前区左右分区靠近中分线处，分别划出一个三角形区域，然后用定位夹夹起备用。

07 将前区侧边真发向后上方梳理，做出适合脸形弧度的环后固定。

08 将前区头顶三角区头发向后上方梳理做环，和前一步的环重叠，调整弧度并下一字卡固定。

09 在头顶前侧固定一片长约80cm的假发片，在固定位置上再固定一个圆饼形假发包。

10 将假发梳理通顺后，向后梳理光滑并仔细包覆在假发包上。根部用皮筋扎起，将剩余假发分为中间多、两边少的3份。

11 将两侧假发分别向头顶前区梳理做环，固定在包发前区两侧。

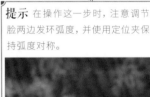

提示 在操作这一步时，注意调节脸两边发环弧度，并使用定位夹保持弧度对称。

12 将剩余假发从包发前面交叉缠绕固定，发尾收在步骤10的包发内侧。

13 将中间剩余假发分出发量均等的两小缕。

14 向头顶前区梳理做环，固定在步骤12发环后侧，并喷上发胶固定。

15 将剩余假发喷上发胶梳理整齐，向后绕着包发将发尾固定在正后方。

16 将所有剩余假发向上梳理，包住前一步发尾碎发，下对卡固定在头顶。

17 将固定在头顶的假发分为两份，左右交叉，使用一字卡固定在包发后侧。

18 将剩余发尾喷上发胶并向前梳理整齐，将发尾藏在上一步发环内侧固定。

19 喷上发胶固定发型，抚平碎发。

20 戴上头饰，调整细节，操作结束。

提示 在这一步操作中，注意调节两边发环弧度，使用定位夹保持弧度对称。

 # 古朴飘逸魏晋女子发型

背景分析

　　魏晋时期的传世画作中的魏晋女子，衣袖翻飞，顾盼生辉。她们束高髻，发丝飞舞，发型整体古朴且飘逸。以此为基础示范这款发型。

操作要点

　　使用发包加假发片做高髻，在高髻的基础上，叠加发片多角度做发环，使高髻富有层次感；使用长假发片做长发从高髻垂落的效果，抽部分假发做飘发，保留魏晋复古造型特点；抽出部分假发做飘发并用发胶定型，保留魏晋复古发型的特点，也使发型呈现仿佛微风拂过的飘逸感。

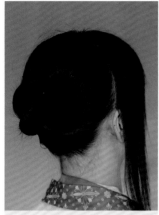

01 打理通顺头发，前区中分，后区如图所示盘起后用一字卡固定，作为发型底座。

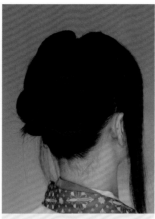

02 压着前后区分区线，左右各固定牢固一个假发包。

03 使用密齿尖尾梳将前区头发梳理整齐后包在假发包上，固定在底座。

04 在后区底座上固定一个大小合适的圆饼形假发包。

05 在假发包上固定一片打理通顺的、长约60cm的假发片。

06 将发片包在假发包上，并将多余头发反向两侧向上包起固定。

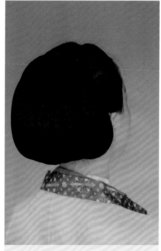

07 套上发网，调节发包底部形状，使底部形状更偏方形。

08 在头顶上固定一片打理通顺的、长约80cm的假发片。

09 在假发片固定位置上竖向叠加固定一个长条形的假发包。

10 将假发梳理通顺后，仔细包覆在假发包上。

11 将多余发尾打卷，固定在发包底部。

12 在一侧固定半片长约60cm的假发片。

13 将假发片分为发量不均的两份，将发量多的一份固定在发包顶部，遮挡侧面裸露的假发包。

14 将假发片分出一小缕，然后将其余假发固定在假发包顶部另一侧。

15 将剩余假发片使用同样方法固定在假发包的另一侧。

16 将剩余假发发尾打理通顺后收在后包发的假发包中。

17 使用一字卡将剩余的一缕假发理顺，固定在前包发发包底部。

18 将假发向上梳理通顺后，固定在发包顶部侧边上，注意中间要留出一个自然的发环弧度。

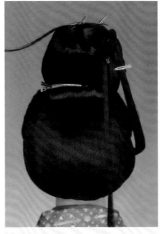

19 将剩余假发分出一缕备用，然后将剩余假发发尾收在步骤10的包发之下。

20 使用定位夹将剩余一缕假发按设计好的飘逸的形状固定，喷上定型发胶。

21 将步骤13分出的假发的另一份按图所示从下向上穿过步骤18所固定的发环。

22 继续调整假发，使假发自然地搭在发环上，可以在发环上喷上发胶增强支撑力。

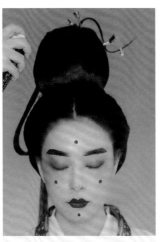

23 喷上发胶固定发型，抚平碎发。

24 戴上头饰，操作结束。

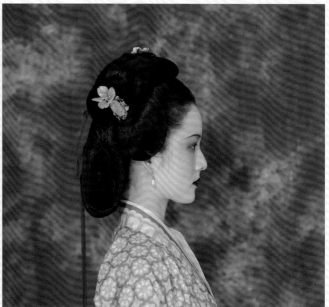

 恬静端庄宋代仕女发型

背景分析

《韩熙载夜宴图》画中的宋代仕女或站或坐，或舞蹈或演奏乐器，给我们塑造宋代造型提供了参考。本案例塑造其中一位乐姬的形象。

操作要点

此款发型两鬓使用假发包发，在两边包发外侧覆盖假发片，做出层次感，使整体造型更复古端庄；后区使用假发片反向上拉做出弧度，使造型从侧面看更饱满，整体发型简洁大方。

01 打理通顺头发，将前区中分，后区如图所示扎起。

02 在真发发辫上套上发网并向上固定，作为发型底座。

03 压着前后区分区线，在左右两侧各固定一个假发包。使用密齿尖尾梳将前区头发梳理整齐包在发包上，固定在底座。

04 在头顶固定一片打理通顺的、长约80cm的假发片。

提示 前区两侧真发尽量往头顶和两侧包发，底端之后会使用假发覆盖。

05 将假发片向后拉起，然后将假发均分为3份。

06 将左右两侧假发交换位置，在侧上方下U形卡固定，继续下对卡固定在前区假发包之前。

07 将假发向上提拉做环，包住侧面露出的发包，在侧上方下U形卡固定。

08 另一侧做对称处理，将剩余假发用一字卡盘起，套上发网固定在头顶。

09 将提前分出的中间的一份假发向前梳理包住前一步套发网的头发，下对卡固定。在后区底部固定一片长约80cm的、打理通顺的假发片。

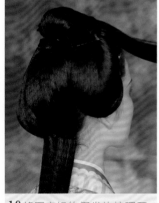

10 将固定好的假发片梳理开，包住后脑勺后下一字卡将假发片固定在后发际线根部。

11 将假发梳理通顺并向上提拉做环，然后在合适位置扎皮筋，将一字卡穿过皮筋固定。

12 将假发梳理通顺后，仔细覆盖包在头顶包发上。

13 将步骤09固定在前区的假发片并向侧边梳理，梳理整齐包住发髻侧面，下U形卡固定在发髻后方。

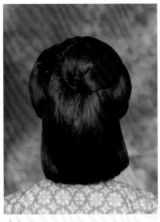

14 将剩余假发发尾打理通顺后向上梳理固定，发尾塞在步骤12的包发之下。

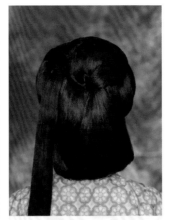

15 在发髻侧面固定半片打理通顺的、长约80cm的假发片。

16 将假发片分出较多的一缕，向侧边梳理包住发髻侧面，下一字卡固定在发髻前方。

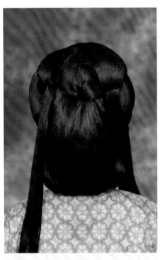

17 将剩余假发打理通顺后向上提拉包住发髻，下对卡固定在发髻侧后方。

18 继续将假发梳理开向上包住发髻后方，发尾打卷固定收起，喷上发胶固定。

19 将剩余一缕的假发从侧边向上梳理做环，然后下U形卡固定。

20 将假发弯回向侧边梳理做环，然后在假发片根部下一字卡固定。

21 将假发梳理开向上拉起，发尾打卷固定收起，喷上发胶固定。

22 喷上定型发胶固定，抚平碎发。

23 戴上头饰，调整弧度细节，操作结束。

可爱俏皮唐代仕女发型

 背景分析

　　通过观察大量的初唐壁画，会发现初唐很多女子形象为对称的双环髻，既高贵，又活泼可爱。本案例仿双环髻设计，示范一款可爱俏皮的唐代仕女发型。

 操作要点

　　使用成品发髻搭配假发片做发型，假发片可以辅助固定发髻和遮挡杂发，也可以在两侧做环，增加少女的俏皮感。

01打理通顺头发,将前区中分,在额头正上方分出两个对称的三角形分区,后区如图所示扎起。

02将后区真发扎麻花辫后,使用一字卡盘起固定。

03压着前后区分区线左右两侧各固定一个假发包。使用密齿尖尾梳将前区头发梳理整齐包在发包上,固定在底座附近。

04将额头正上方分出两个对称的三角形分区,头发向后梳理做出弧度,遮挡发际线。

05将剩余头发用两股辫编发手法拧起扎好。

06将扎好的头发固定在底座上,套上发网减少碎发。

07在头顶包发侧对称固定成品假发鬓。

08在底座下方用一字卡下对卡固定一片长约80cm的假发片。

09将假发片对称分为4份,注意中间两缕发量较多,外边两缕发量较少。

10将中间一侧的假发梳理整齐后，从头顶绕至底座后方下一字卡固定。

11使用同样的方式固定中间另一侧的假发。

12将假发剩余发尾辫为麻花辫盘起固定在底座下方。

13将外边一侧的假发片梳理整齐后向上提拉做环，固定在发包后侧。

14将剩余假发发尾打理通顺后横向拉至后方并包在步骤12的盘发上，遮挡盘发。

15使用同样的手法固定外边另一侧假发，发尾收至步骤14包发下方并固定。

16拆去定位夹，喷上定型发胶，抚平碎发。

17戴上头饰，操作结束。

神话风格造型

第七章

　　绚烂多彩的神话故事中有补天的女娲、镇守四方的神兽、天上的瑶池仙女等。本章根据神话故事设定，使用5个案例，从妆造、饰品、服装多个方面来诠释神话造型的制作。

青龙造型

 背景分析

《淮南子·天文训》有记载："天神之贵者，莫贵于青龙，或曰天一，或曰太阴，青龙所居，不可背之。"传说中青龙为镇守四方的四灵之一。几万年如一日镇守在东方，无法离开，他在孤寂的漫长岁月中没有心生愤恨，而是以慈悲的心肠，忍受万年的寂寞，守护东方，庇护苍生。在造型时，整体突出他"心怀天下苍生，甘愿忍受万年孤寂"的神灵特点。

操作要点

模特皮肤眼下略暗沉，鼻翼两侧泛红，造型时注意处理。妆容整体塑造男士的自然和清爽感，底妆用粉底膏塑造苍白如神灵的肤色，眼妆用蓝色眼线和银色眼线强调庄严肃穆的眼神，眉毛重在刻画飞扬的效果，体现天之四灵之东方之神的霸气。发型难点是对假发全头套的粘贴，发际线处的美人尖要处理自然且服帖；额前保留两缕飘发，塑造飘逸的神仙感，突出他在漫长孤寂岁月中清冷的神仙形象。塑造青龙造型花钿时，将龙的鳞片抽象化为菱形，集中刻画在额头上，比喻为额头前方的角和鳞片，同时在脖颈和双手上抽象画了咒枷的形象，暗喻被禁锢。饰品选用银色水钻和银色发簪，服装选择青色和白色衣物，浅青色的薄纱下隐约透出龙纹的刺绣，突出他清冷且不染尘埃的特点。

妆容示范

01用修眉刀按照设计好的妆容修理眉毛，清理干净面部。

02用舌形刷将高保湿的护肤乳均匀地涂在皮肤上，打圈按摩至吸收。

03在粉底膏上面滴上搭配的粉底膏伴侣，使粉底膏更滋润。

04用三角海绵少量多次取粉底膏，反复点按全脸、耳朵及脖颈皮肤并均匀地拍打开。

05用肉粉色遮瑕膏对眼下暗沉区域进行遮瑕。

06用橘色遮瑕对嘴唇上方胡茬发青区域进行颜色调和。

07用散粉刷取保湿型散粉，点按全脸进行定妆。

08用大号晕染刷取浅棕色眼影涂整个眼窝，为后续上色打底。

09用中号眼影刷取棕色眼影，沿着上眼睑睫毛根部和下眼睑晕染，加深眼尾。

10用小号眼影刷取棕色眼影加深下眼睑区域。

11用睫毛定型液从睫毛根部到末梢刷出自然且根根分明的睫毛。

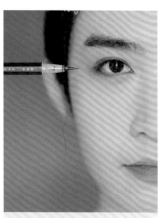

12用黑色眼线笔沿着睫毛根部描画眼线，填补睫毛根部空隙。

13用浅蓝色眼线笔沿着内眼角睫毛根部描画眼线至1/3，并顺着眼尾拉出微微上挑的眼线。

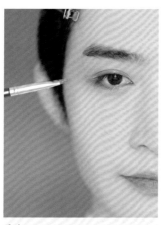

14用眉刷取银色偏光眼影，叠加涂在蓝色眼线上方。

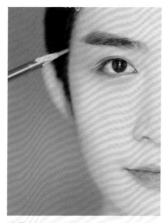

15用稍浅咖啡色眉笔沿着修好的眉毛，勾勒出平直上挑的眉形。

16用削成鸭嘴形的黑色拉线眉笔，按照眉毛的毛发生长趋势、一根一根地勾勒眉毛，塑造自然的毛缕感。

17用鼻影刷取阴影粉，加深眼窝和鼻子两侧，塑造立体鼻形，在鼻尖下方扫上阴影，视觉上缩短中庭长度。

18用阴影刷取阴影粉扫脸颊两侧，令面部轮廓更加立体。

19取亚光高光膏刷额骨、面中及下巴区域，使面部轮廓更分明。

20用唇刷取裸色口红，薄涂一层，勾勒唇形。

21用深紫色口红叠涂唇部内侧，调和唇妆颜色。

22用散粉刷取散粉点按唇部，塑造亚光自然的唇妆。

23调整细节，妆面操作结束。

01用发网包起所有真发，发网边线压住发际线。

02为发际线边缘的碎发刷上酒精胶。

03用小钢梳梳理碎发，将发际线处的碎发梳理整齐。

04将修整好的纱边假发头套戴在头上，松紧调节合适。

05沿着鼻尖找到脸部中线，调整美人尖位置，使其对准中线。

06将酒精胶涂在美人尖纱边粘贴位置的皮肤上。

07用湿润的丝袜材质布团按压纱边，直至纱边粘贴服帖。

提示 可以用吹风机（冷风）或小风扇帮助胶水风干，使胶水更加牢固。

08将一侧纱边粘贴平整，并确保牢固。

09将两侧纱边都粘贴牢固，注意粘贴时保证两边的头套发际线对称。

10用化妆棉取酒精将假发头套发际线处的酒精胶擦去。

11将假头套所有假发梳理通顺。

12 将假发向后梳理头顶分出一区,然后将两鬓假发各分两区,额角留出一缕假发备用,左右分区时注意调节至对称。

13 将两鬓上区假发同后区假发梳理在一起,然后用定位夹固定。

14 将两鬓下区假发向上提拉梳理包住上区假发,并用定位夹固定。

15 另一侧用同样手法固定,适当调节两边包发饱满度和对称性。

16 将头顶区域假发中分,梳理通顺后用定位夹夹起备用。

17 顺箭头方向轻微拧转弯曲假发,向面前方向推起,撑起一个小小的弧度,然后用定位夹固定假发。

提示 包发时向前推起部分可以使颅顶视觉上更高,视觉上缩小脸形,并且注意调整两边对称性。

18 拆去头顶区域假发的定位夹,并下对卡固定。

19 取下两边假发的定位夹后向头顶梳理,包住前一步定位夹,在头顶用一字卡固定。

20 将带虎口夹的假发片夹在头顶。

21 调整虎口夹位置,保证发卡和虎口夹不会裸露在外。

22 拆下所有发夹,调整对称,并用发蜡和发胶整理碎发。

23 戴上头饰。

24 在美人尖纱边下方画上花钿的中心花纹，确定中心点。

25 用深蓝和浅蓝两种颜色勾勒花钿。

26 用胶水贴上水钻，丰富花钿细节，整体造型结束。

提示 针对粘纱边假发套类造型，花钿需要在粘贴完后再绘制，防止粘贴纱边时蹭花花钿。

巫山神女造型

 背景分析

　　"旦为朝云，暮为行雨"的巫山神女，在很多文学作品中是一个温婉贤淑，心怀苍生，令人魂牵梦绕的绝世美人形象。在巫山神女造型的塑造上整体突出她"孤傲且心怀天下苍生，美丽且坚毅"的神灵形象。

操作要点

　　模特眼下略暗沉和有泪沟，皮肤状况较好，造型时注意处理。整体妆容塑造偏冷艳的感觉，底妆部分用粉底膏，塑造无瑕肌肤；眼妆用红色眼影，与偏红色鼻影结合强调端庄大气的感觉；饱满的唇形塑造女性独有的柔美感。发型整体强调对称感，突出端庄大气且美艳绝伦的神仙形象，背后的长披发塑造女性的柔美感，发型的难点是叠加多层次的发环时，要保证发环的对称性。花钿的塑造灵感来自青铜器花纹，几何感的菱形和云形花纹相互呼应，配合金色装饰，塑造大气、蓬勃、辉煌的感觉；画于眼角处，与眼妆配合，突出冷艳、端庄的感觉。饰品选择复古纹样的金饰搭配长流苏，营造古朴、大气的感觉；服装选择红黑两色的素纱禅衣，仿佛巫山的云雾围绕周身。

01用修眉刀按照设计好的妆容修理眉毛，清理干净面部。

02用舌形刷将高保湿的护肤乳均匀地涂在皮肤上，打圈按摩至吸收。

03在粉底膏上面滴上搭配的粉底膏伴侣，使粉底膏更滋润。

04用三角海绵少量多次取粉底膏，反复点按全脸、耳朵及脖颈皮肤并均匀地拍打开，塑造白净的肌肤。

05用肉粉色遮瑕膏对眼下暗沉区域进行遮瑕，并用浅黄色遮瑕对泪沟凹面进行提亮。

06用散粉刷取保湿型散粉，点按全脸进行定妆。

07用大号晕染刷取米白色眼影涂整个眼窝，为后续上色打底。

08用中号眼影刷取橘色眼影，沿着睫毛根部和下眼睑后1/3区域晕染加深。

09用中号眼影刷取橘红色眼影，沿着睫毛根部和下眼睑后1/2区域叠加晕染。

10用小号眼影刷取红色眼影，涂下眼睑并过渡晕染自然。

11用小号眼影刷取深棕色眼影，涂上眼睑睫毛根部，向上、向后晕染过渡。

12用睫毛夹从根部发力夹翘睫毛，仔细地涂上睫毛定型液，保持睫毛自然、根根分明且卷翘的状态。

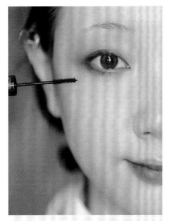

13 用极细睫毛膏从睫毛根部到末梢刷出根根分明的睫毛。

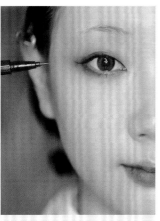

14 用深红色眼线笔沿着睫毛根部描画眼线，填补睫毛根部空隙，然后顺着眼尾拉出上挑的眼线。

15 用咖啡灰色眉笔沿着修好的眉毛，勾勒出弧度自然的弯眉。

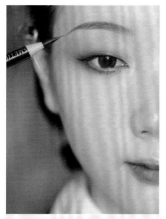

16 用削成鸭嘴形的黑色拉线眉笔，按照眉毛的毛发生长趋势，一根一根勾勒眉毛，塑造自然的眉毛毛绒感。

17 用鼻影刷取阴影粉，加深眼窝和鼻子两侧。

18 用大号眼影刷取红色眼影加深眼窝。

19 用深红色眼线笔在内眼角和眼尾上部画上花钿，注意刻画出花钿细节。

20 贴上金色饰品，丰富花钿细节。

21 用阴影刷取阴影粉扫颧弓骨下方，令面部更加立体。

22 取亚光高光膏刷额头、下巴、面中区域，使面部轮廓更立体饱满。用高光刷取高光粉，重点提亮鼻头、山根区域。

23 用唇刷取砖红色口红薄涂并勾勒唇形，在嘴唇内侧叠涂几次使颜色更饱和。

24 调整细节，妆面操作结束。

发型示范

01 梳理顺头发，前区头发中分分区，后区头发在头顶斜后方分一个圆形区域并扎成马尾。

02 将马尾用三股辫编发手法编麻花辫，盘起后用一字卡固定，将后区剩余头发扎起。

03 用三股辫编发手法编麻花辫，盘起后用一字卡固定，套上发网，作为发型底座。

04 前区头发在头顶分出一个三角区域，并将三角区域的头发用定位夹夹起备用。

05 在头顶固定一片长约80cm的假发片，分为3份并用定位夹固定备用。

06 在发髻底座下方沿着后区分界线固定一片长约1m的假发片。

07 将步骤05固定的假发片左右两份在耳侧两边做环，在头顶下对卡固定。

08 将前区两侧真发向后上方梳理，包住前一步假发环，调整弧度，下一字卡固定。

09 将前区头顶三角区真发顺着前一步的弧度梳理整齐并调整弧度后下一字卡固定，对前额头发际线进行修饰。

10 将步骤08的真发在头顶盘起，用一字卡固定。

11 将假发发尾向左右分别梳理后，包住步骤10的盘发发髻，将发尾打卷收好后喷上定型发胶。

12 将剩余的步骤05固定的假发片中间一份再次分为中间多、两侧少的3份。

提示 将定位夹夹在包发最高处，可以帮助调整包发弧度和对称性。

13 在头顶发髻前方下对卡固定一片长约80cm的假发片，在其上固定一个圆饼形假发包。

14 将前片假发向后梳理整齐，包住假发包，然后将假发用皮筋扎起。

15 将剩下假发片均分两份，分别用两股辫编发手法扎起备用。

16 将两股辫如图所示固定在造型两侧，作为后续发型的底座。

17 将步骤12中间的假发片梳理整齐，然后向上提拉做环，并下对卡固定在头顶包发后侧。

18 将发尾梳理整齐，喷上发胶，向下打卷藏起发尾并固定，这里可以将假发适当梳理开。

19 将步骤12两侧的假发向上提拉梳理整齐后，交叉下一字卡固定在包发斜后方。

20 将剩余假发向后方梳理包住固定在两侧的两股辫，下一字卡固定在假发根部。

21 将假发发尾盘起收到两股辫下面的空隙处，固定并藏好发尾。

22 将半片长约80cm的假发片均分两份，穿过步骤17的发环并固定在发环内侧。

23 将假发左右各留一小缕，其余向上提拉梳理整齐后，交叉下一字卡固定在步骤19假发的固定位置的上方。

提示 在以上操作中，需要一边操作，一边用定位夹和发胶辅助调整造型，使其对称。

24 将剩余假发向头后上方提拉做环，在发髻顶部下U形卡固定，可以用定位夹辅助固定环。

25 将发尾喷上发胶并梳理整齐，向下梳理，发尾打卷收入步骤23的假发片底部。

26 将步骤23剩余的两小缕假发梳理整齐并向上提拉做环，用U形卡固定在步骤18的发卷内侧。

27 将剩余假发梳理整齐并向头前提拉做环，然后用U形卡固定在步骤24假发固定位置的下方。

28 将剩余假发打卷收到步骤18的发卷内侧固定，隐藏发尾。然后用定位夹和发胶辅助调整对称性，喷上发胶定型。

29 戴上准备好的头饰，整理碎发，造型结束。

青鸟造型

 背景分析

　　"瑶台有青鸟，远食玉山禾。"神话传说中青鸟是西王母身边的信使，她是最自由的神灵，可以无拘无束地去任何想去的地方。本案例塑造青鸟造型，整体突出她孤傲且值得信赖的稳重感和内在向往自由的神灵形象。

操作要点

　　模特眼下皮肤暗沉和有泪沟，脸颊有泛红现象，造型时注意处理。眼妆选用青蓝两色的偏光眼影，叠加大颗粒亮片，使眼睛更加有神，砖红色饱满的唇形塑造端庄感。花钿选用青蓝两色相互叠加，塑造鸟类羽毛在光线下会有的渐变感，形状为羽毛或翅膀的抽象化，暗喻并体现青鸟的特征。发型整体强调不对称、不同长短且不同粗细发环悬空叠加的轻盈感，突出向往自由的、无拘无束的神仙形象，难点是对大发环叠加悬空时保证发环整齐。仙气十足的晋襦搭配银色珠串配饰，呼应青鸟翱翔天际、自由飞翔的形象。

妆容示范

01用修眉刀按照设计好的妆容修理眉毛，清理干净面部。

02用舌形刷将高保湿的护肤乳均匀地涂在皮肤上，打圈按摩至吸收。

03取含控油成分的隔离均匀地涂面部皮肤，使后续妆效更亚光。

04在粉底膏上面滴上搭配的粉底膏伴侣，使粉底膏更滋润。

05用三角海绵少量多次取粉底膏，反复点按全脸、耳朵及脖颈皮肤，均匀地拍打开。

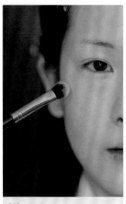

06用肉粉色遮瑕膏对眼下暗沉区域进行遮瑕。

07用浅黄色遮瑕对泪沟凹面进行提亮。

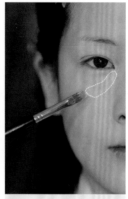

08用亚光高光膏刷虚线区域，使面部轮廓更立体饱满。

09用散粉刷取保湿型散粉，点按全脸进行定妆。

10用大号晕染刷取浅棕色眼影涂整个眼窝，为后续上色打底。

11用中号眼影刷取棕色眼影沿着睫毛根部和下眼睑晕染，注意眼尾处加深。

12用指腹取绿色偏光眼影点涂在上眼皮中间。

13用小号锥形刷取蓝色偏光眼影，涂下眼睑正中间，提亮卧蚕。

14用细节睫毛夹从根部发力夹翘睫毛，仔细地涂上睫毛定型液，保持睫毛自然、根根分明且卷翘的状态。

15 用极细睫毛膏从睫毛根部到末梢刷出根根分明的睫毛。

16 在睫毛上粘上大颗粒的闪片，让眼睛更加有神。

17 用深蓝色眼线笔沿着睫毛根部描画眼线，填补睫毛根部空隙，眼尾顺势上扬拉出。

18 用蓝色眼线笔在眼部画上设计好的花纹。

19 用绿色眼线笔在眼部叠画花纹，两色花纹颜色叠加，使花钿的细节更丰富。

20 用咖啡色眉笔沿着修好的眉毛，勾勒出偏平直又上挑的眉形。

21 用削成鸭嘴形的黑色拉线眉笔，按照眉毛的毛发生长趋势、一根一根地勾勒眉毛，塑造自然的眉毛毛绒感。

22 用绿色眼线笔，重新勾勒眉尾，使眉毛呈现尾端渐变为绿色的效果。

23 用鼻影刷取阴影粉加深眼窝和鼻子两侧，用高光刷取高光粉重点提亮鼻头、山根区域。

24 用阴影刷取阴影粉扫颧弓骨内侧，令面部更加立体。

25 使用唇刷取砖红色口红薄涂，勾勒唇形，在嘴唇内侧叠涂几次使颜色更饱和。

26 使用蓝色眼线笔在脸颊上画设计好的花纹，妆面操作结束。

01 梳理顺头发，将前区三七分区，后区如图所示分区，再将后区下部和头顶区域头发扎成马尾。

02 将后区头顶区域头发用三股辫编发手法编麻花辫，盘起后一字卡固定，压着后区头顶盘发的分区线固定一个假发包。将后区下部头发用两股辫编发手法编起向上提拉，两股发尾头发喷上发胶后梳理整齐并包在发包上。

03 将前区头发多的一侧头发分出头顶区域，向内拧转固定在头发底座上。

04 将剩余头发留下一缕碎发，向内拧转固定在头发底座上。

05 将前区头发少的一侧头发留下一缕碎发，向内拧转固定在头发底座上，调整两边鬓发饱满程度。

06 将所有真发盘起固定后在上面固定一个圆饼形假发包，在假发包侧前方固定一片打理通顺的、长约80cm的假发片。

07 将假发分为两份，一份向后梳理包住假发包一侧，下一字卡固定。

08 将假发梳理整齐向上提拉，拧转两次做环，下对卡固定。

09 将另一份假发梳理整齐，然后继续分为两份。

10 将其中一份假发向上提拉拧环，固定在步骤08的发环的上方。

11 将发环用定位夹夹住固定，保持整齐，将剩余假发向前梳理绕过步骤08的发环。

12 将假发向后梳理，包住底座，然后将发尾收到步骤07的包发内侧，喷上发胶定型。

13 将步骤10剩余的一份假发梳理整齐后，从侧后方拉起，在发髻上方拧转做环。

14 在箭头处下一字卡固定，然后在发环上喷上定型发胶。

15 将剩下假发片向上梳理，在侧边做环，下U形卡固定。

16 剩余发尾喷上发胶梳理整齐，收到步骤08发环内侧，并用一字卡固定。

17 将步骤08剩余发尾喷上发胶，梳理整齐，向侧边梳理用一字卡固定，并在固定位置上固定半片长约80cm的假发片。

18 分出一缕假发梳理整齐，向上提拉，在侧面立环，可在箭头处下一字卡辅助立环。

19 将头发向下梳理，包住底座侧边，将发尾收到步骤07的包发内侧，并用一字卡固定。

20 再取一缕假发梳理整齐，向上提拉，穿过步骤18的发环，然后在刷柄所指处下一字卡辅助立环。

21 将假发梳理整齐向上提拉，在侧面立环，然后在顶部下U形卡固定假发，并向下梳理，将发尾收到步骤07的包发内侧后用一字卡固定。

22 将剩余假发全部梳理整齐，然后向上提拉，下对卡固定。

23 向斜下方梳理，使用一字卡下对卡在假发根部固定。

24 向上提拉，在发髻侧上方做出弧度，在发髻顶部下U形卡固定发片。

25发尾喷上发胶并梳理整齐，向下梳理之后将发尾收入步骤22的发片底部。

26整理碎发，调整细节，喷上定型发胶。

27戴上准备好的头饰，造型结束。

乾闼婆造型

 背景分析

在印度神话传说中，乾闼婆是乐神之一，因其能歌善舞，常被称为伎乐神等。这里塑造一个娇美灵动，能歌善舞的女性神仙角色。乾闼婆的造型整体突出"能歌善舞，灵动多情"的神灵角色形象。

操作要点

模特眼下暗沉和有泪沟，皮肤有痘痘闭口，造型时注意处理。整体妆容塑造妩媚多情的感觉，底妆用粉底膏处理，眼妆用橘色眼影大面积晕染，睫毛强调根根分明的感觉，眉毛微微上挑，唇部用橘色口红浅浅晕染。发型整体强调对称感，在脖颈区域设计双层双环造型，发际线附近用湿推手法推出纹理感，使整体造型更灵动，难点是在多层次叠加发环时要保证发环的对称性及发髻、脖颈处镂空发环的整齐度。花钿的设计大量运用莲花、卷云纹、卷草纹，画于胸前、两肩、后背，使之翩翩起舞时在任意角度都可以看到。饰品选用唐风和莲花纹样的，繁复饰品的叠加增加华丽感，搭配敦煌壁画纹样的服装，使整体造型更富有神话效果。

妆容示范

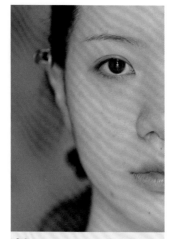

01用修眉刀按照设计好的妆容修理眉毛，清理干净面部。

02用舌形刷将高保湿的护肤乳均匀地涂在皮肤上，打圈按摩至吸收。

03在粉底膏上面滴上搭配的粉底膏伴侣，使粉底膏更滋润。

04用三角海绵少量多次取粉底膏，反复点按全脸、耳朵、脖颈并均匀地拍打开。

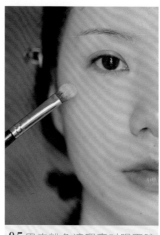

05用肉粉色遮瑕膏对眼下暗沉区域进行遮瑕。

06用绿色和肤色遮瑕混合，对痘痘和泛红区域进行调色遮瑕。

07用散粉刷取保湿型散粉，点按全脸进行定妆。

08用大号晕染刷取浅棕色眼影涂整个眼窝，为后续上色打底。

09用中号眼影刷取橘色眼影，沿着睫毛根部和下眼睑晕染，眼尾处加深。

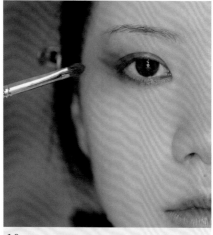

10用小号眼影刷取红色眼影，涂双眼皮褶线内和眼睑后1/2的区域，并将眼尾处加深。

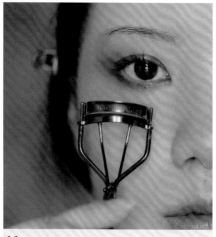

11用睫毛夹从根部发力夹翘睫毛，仔细地涂上睫毛定型液，保持睫毛根根分明卷翘的状态。

12 用极细睫毛膏从睫毛根部到末梢刷出根根分明的睫毛。

13 用酒红色眼线笔，沿着睫毛根部描画眼线，填补睫毛根部空隙，顺势拉出眼尾。

14 用咖啡灰色眉笔沿着修好的眉毛，勾勒出偏平直、上挑的眉形。

15 用削成鸭嘴形的黑色拉线眉笔，按照眉毛的毛发生长趋势、一根一根地勾勒眉毛，塑造自然的眉毛毛绺感。

16 用鼻影刷取阴影粉，加深眼窝和鼻子两侧，用高光刷取亚光高光粉，重点提亮鼻头、山根区域。

17 用腮红刷取粉橘色腮红，轻柔地扫脸颊处，和眼尾处眼影衔接自然，塑造古典柔美感。

18 用阴影刷取阴影粉扫颧弓骨内侧，令面部更加立体。

19 用唇刷取橘色口红薄涂勾勒唇形，然后用唇刷晕染，在嘴唇内侧叠涂，塑造渐变感的嘴唇。

20 在额头上画设计好的花纹，妆面操作结束。

发型示范

01 梳理顺头发，前区中分，后区如图所示分区，然后将后区头顶区域的头发扎马尾。

02 头顶区域头发用三股辫编发手法编麻花辫，盘起后用一字卡固定。

03 将后区剩余头发梳理整齐扎起固定。

04 将扎起的头发用三股辫编发手法编麻花辫，盘起后用一字卡固定在底座上。

05 将前区一侧头发留下两缕碎发，其余向内拧转固定在头发底座上，调整两边鬓发的弧度。

06 用螺旋眉刷取湿发啫喱，将碎发推出合适的弧度，注意发丝弧度走向的统一。

07 前区另外一侧用同样手法处理，推出的头发可以用小号定位夹固定。

08 在前区向前固定一片打理通顺的、长约80cm的假发片，在固定位置上再固定一个大小合适的圆饼形假发包。

09 将假发向后梳理，用定位夹固定，包住底座，然后用皮筋扎起。

10 将剩下头发梳理整齐，分为均匀的两份，交叉固定在头顶前区。

11 将其中一份假发向上提拉，梳理整齐后向后翻转立环，并用一字卡下对卡固定。

12 剩余假发顺着向下的弧度向发髻中心弯转做环。

13 另外一份也用同样手法梳理，注意调节两侧发髻至对称。

14 在头发底座下下对卡固定一片打理通顺的、长约80cm的假发片。

15 将假发分为中间发量多，两侧发量少的3份。将中间一份向上梳理，包住底座碎发，在发髻前侧固定。

16 将假发向后梳理，下对卡固定，然后将假发均分两份。

17 用拉发器将假发从前侧穿过步骤12的发环。

18 将剩余发尾向上提拉做环，发尾用一字卡固定在步骤15的发片之下。

19 将两侧假发分出一小缕向上提拉做环，并用U形卡固定。

20 将发尾梳理整齐，喷上发胶，打卷固定。

21 用同样手法再分出一缕，提拉做环并固定。

22 将左右两侧剩余头发向上提拉，固定在发髻前侧。

23 将剩余发尾向后交叉固定在发髻后侧。

24 剩余发尾向下梳理，喷上发胶，发尾用一字卡固定在步骤15的发片之下。

25 整理碎发，调整细节，拆去定位夹，喷上
发胶定型。

26 戴上准备好的头饰，造型结束。

紧那罗造型

 背景分析

　　在神话传说中，紧那罗是乐神之一，有男女之分，女性相貌端庄，声音绝美。在紧那罗这样一个神灵角色形象的塑造上，整体突出相貌美、声音曼妙、举止仪态端庄大方的特点。

操作要点

　　模特眼下暗沉，有泪沟，皮肤有痘痘，造型时注意处理。妆容整体重点在于塑造端庄感，底妆用粉底膏塑造洁白肤色，眼妆用橘色眼影晕染，搭配平直双眉，唇部用豆沙色口红晕染。发型突出端庄大方的神仙形象，前区用假发进行推波推出弧度，遮挡发际线，在处理时兼顾调整每个弧度，保证整体造型的饱满，富有层次感、空间感，难点主要在于前区假发片弧度饱满性的控制和发环层次对称性的调节。花钿的设计运用了莲花、卷云纹、卷草纹等花纹，同时用红蓝两色增加视觉冲击力。饰品选用唐风和莲花纹样的，繁复的饰品增加华丽感，两侧流苏发簪增加灵动感，搭配敦煌纹样的服装，使整体造型更有神话感。

01用修眉刀按照设计好的妆容修理眉毛，清理干净面部。

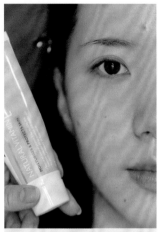

02用舌形刷将高保湿的护肤乳均匀地涂在皮肤上，打圈按摩至吸收。

03在粉底膏上面滴上搭配的粉底膏伴侣，使粉底膏更滋润。

04用三角海绵少量多次取粉底膏，反复点按全脸、耳朵、脖颈皮肤并均匀地拍打开。

05用绿色和肤色遮瑕混合，对痘痘和泛红区域进行遮瑕。

06用肉粉色遮瑕膏对眼下暗沉区域进行遮瑕。

07用散粉刷取保湿型散粉，点按全脸进行定妆。

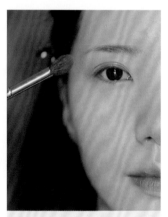

08用大号晕染刷取浅棕色眼影涂整个眼窝，为后续上色打底。

09用中号眼影刷取橘色眼影，沿着睫毛根部和下眼睑晕染，眼尾处加深。

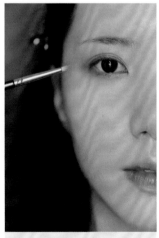

10用小号锥形刷取橘色偏光眼影，提亮卧蚕区域。

11用指腹取橘色珠光眼影，点涂眼皮上方，使双眼更加有神。

12用睫毛夹从根部发力夹翘睫毛，然后给睫毛涂上睫毛定型液，保持睫毛自然、根根分明且卷翘的状态。

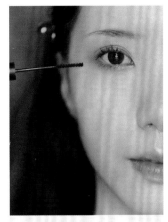

13用极细睫毛膏从睫毛根部到末梢刷出根根分明的睫毛。

14用深蓝色眼线笔沿着睫毛根部描画眼线，填补睫毛根部空隙，顺势拉出眼尾。

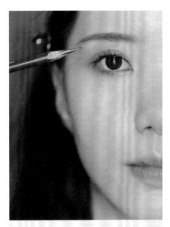

15用深咖啡色眉笔沿着修好的眉毛，勾勒出偏平直、上挑的眉形。

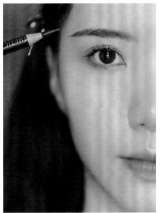

16用削成鸭嘴形的黑色拉线眉笔，按照眉毛的毛发生长趋势、一根一根勾勒眉毛，塑造自然的眉毛毛绒感。

17用腮红刷取粉橘色腮红，轻柔地扫脸颊处。

18用阴影刷取阴影粉，扫颧弓骨内侧，令面部更加立体。

19用鼻影刷取阴影粉，加深眼窝和鼻子两侧，用高光刷取亚光高光粉，重点提亮鼻头、山根区域。

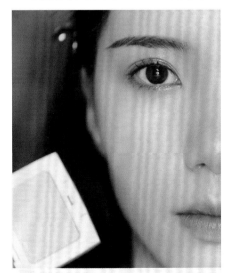

20用高光刷取亚光高光，提亮面中和颧骨区域，使面部更加饱满、立体。

21用唇刷取豆沙色口红薄涂勾勒唇形，叠涂至颜色饱满。

22画上设计好的花纹，妆面操作结束。

发型示范

01 梳理顺头发，然后将前区中分，后区如图所示分区，后区头顶区域头发扎马尾。

02 头顶区域头发用三股辫编发手法编麻花辫，盘起后用一字卡固定。

03 将后区剩余头发梳理整齐，扎起固定。

04 将扎起的头发用三股辫编发手法编麻花辫，盘起后用一字卡固定在底座上。

05 将前区头发向内拧转，固定在头发底座上，套上发网保持整洁。

06 在底座前侧向前固定一片打理通顺的、长约80cm的假发片。

07 将假发片理顺，均分为4份，用夹子夹起备用。

08 将其中一份假发片贴发际线向下做环，用一字卡和无痕定位夹固定。

09 用同样手法固定下一个发环，注意尽量将发环压扁，贴近头皮。

10 将4份假发片用同样手法固定发环，剩余假发用皮筋扎成一束。

11 将剩余假发向下梳理整齐，发尾喷上发胶，向头部中间区域打卷，卷起发尾固定，用手调节出满意的弧度。

12 在前区向前固定一片打理通顺的、长约80cm的假发片，分为中间细、两边粗的3份，在头顶偏后区域固定一个假发包。

13 将两边假发梳理整齐，交叉缠绕在假发包上，用定位夹辅助固定。

14将中间假发片贴发际线向下做环，用一字卡固定，注意调节发际线处5个发环的对称性。

15将剩余假发用两股辫编发手法编起，尾端用皮筋扎起。

16在发包底部缠绕一圈，尾端用卡子固定。

17将步骤13剩余的假发片其中一侧梳理整齐，然后向上提拉做环，用一字卡固定在头顶。

18用对称手法处理另一侧假发片。

19剩余假发梳理整齐，向下卷起收发尾，并用一字卡固定。

20在发髻后方固定半片长约80cm的假发片，然后平均分为两份。

21将其中一份假发向下梳理整齐，然后向上提拉做环，并用一字卡固定。

22用同样手法处理另外一份，然后用皮筋扎起剩余假发。

23将假发片尾部顺着向下的弧度，打卷后适当拉出弧度，并用一字卡固定，喷上发胶，梳理整齐。

24整理碎发，调整细节，拆去定位夹，喷上发胶定型。

25戴上准备好的头饰，造型结束。

时尚主题造型

第八章

妆容造型其实是受服饰和文化影响的。那古风造型与现代时尚文化结合会产生什么效果呢？本章通过"风""霜""雨""雪"4个主题案例来探讨时尚与古风碰撞下会产生的造型效果。

"风" 主题造型

 背景分析

　　风，没有定向，没有踪影，看不见也抓不到，但却能让人感觉到它的到来，仿佛一位冷艳高贵的女子，用疏离冷漠的眼神看着你，并将你拒于千里之外。

操作要点

　　模特眼下暗沉，有黑眼圈，鼻翼两侧暗沉，皮肤整体也略暗，造型时注意处理。妆容难点是塑造无瑕的底妆，用眼线、唇釉和假睫毛拉长眼形，眼影着重刻画出冷艳和迷离感，唇部用深紫色唇釉强调疏离感，整个妆容充满神秘的氛围。发型的难点是用卷烫抽丝塑造风吹过发丝的感觉，要求在做发型前定好风吹过的方向，使所有发丝向一个方向定型。饰品选择羽毛纹样的银饰，点明风的主题，搭配齐胸款紫色服装，使整体形象更加神秘。

妆容示范

01用修眉刀按照设计好的妆容修理眉毛，清理干净面部。

02用舌形刷将高保湿的护肤乳均匀地涂在皮肤上，用手辅助打圈按摩至吸收。

03将含保湿成分的隔离均匀地涂全脸，增加皮肤的含水量，方便后续上妆。

04用湿润的海绵蛋将保湿型的粉底液在脸上均匀拍开。

05用橘色和黄色遮瑕混合遮盖黑眼圈。

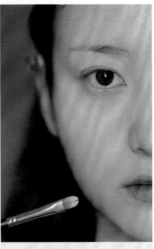

06用遮瑕对皮肤上的痘印和暗沉处进行处理。

07在脸上均匀地扫上保湿型散粉定妆。

08用大号晕染刷取银色眼影，涂整个眼皮上方进行打底。

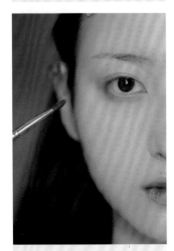

09用小号眼影刷取浅紫色眼影，晕染下眼睑区域。

10取深一色号的眼影，加深下眼睑眼影后2/3的区域。

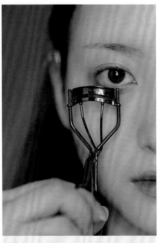

11用睫毛夹夹翘睫毛，刷上睫毛定型液。

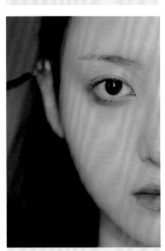

12用极细睫毛膏刷出根根分明的上下睫毛。

13 取假睫毛单独在眼尾粘贴2~3簇假睫毛，拉长眼形。

14 用黑色眼线笔沿着睫毛根部拉出一条黑色眼线。

15 用唇刷取紫色口红，叠涂眼线后1/2的区域并拉长眼尾。

16 用咖啡色眉笔沿着修好的眉毛，勾勒出弧度自然、线条流畅的眉形。

17 用削成鸭嘴形的黑色拉线眉笔，按照眉毛的毛发生长趋势、一根一根地勾勒眉毛，塑造自然的眉毛毛绒感。

18 用鼻影刷取阴影粉，加深眼窝和鼻子两侧，并且用阴影刷在颧弓骨下方扫阴影，塑造立体的脸形。

19 用高光刷取高光粉，重点提亮鼻头、山根区域，塑造挺拔的鼻形。在额头、苹果肌、下巴、太阳穴区域也扫上高光，使面部更加饱满、立体。

20 用唇刷取深紫色唇釉，薄涂勾勒出流畅的唇形。

21 取深紫色唇釉，在唇部内侧叠涂几次，使颜色更加浓郁，妆面操作结束。

01在发根处喷上适量的海盐水，使头发更加蓬松，从视觉上增加发量。

02用梳子反向推立起发根，用吹风机吹冷风定型。

03将头顶头发固定起来备用，其余头发扎起，脖颈后侧留两缕备用。

04将头顶头发扎起备用。

05用假发器将后脑勺头发从头顶皮筋前处抽出。

06将上下两股头发用两股辫编发手法扎起。

07将发辫按箭头方向拧转。

08将前一步发辫如图所示拧转。

09用一字卡固定在头顶，发尾部分留出备用。

10整理正面形状，使发髻更饱满。

11将脸部两侧发丝、脖颈后侧和发髻发丝用卷发棒烫卷。

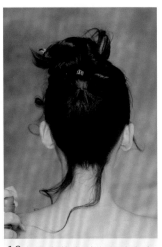

12在烫卷的发丝上面喷上定型发胶。

13 将发髻上烫卷的发丝用定位夹调整好形状，喷上定型发胶固定。

14 将前区头发用发蜡棒整理干净。

15 在额头上做出发丝，塑造风吹过额头的感觉。

16 用定型发胶固定额头前的发丝。

17 拆去定位夹，再次用发胶进行定型。

18 戴上准备好的饰品，造型结束。

"霜" 主题造型

 背景分析

　　霜是水气遇冷空气凝结成的。你看得到，一旦触摸就会融化消失，仿佛一位楚楚可怜的，需要用心去呵护，但却无法触碰到的女子。

 操作要点

　　模特眼下暗沉，有黑眼圈、眼袋，鼻翼两侧暗沉，皮肤有斑，造型时注意处理。妆容难点是塑造无瑕且犹如冰霜一样透着光的底妆，眼部着重刻画卧蚕和根根分明的睫毛并辅助大颗粒亮片模拟冰晶的感觉，使双眸明亮有神且呈现我见犹怜的感觉；鼻头、耳垂和下巴扫上腮红，塑造被冻得微微发红的脸部效果。发型的难点是前区分区纹理的塑造，可以用烫蓬松的手法处理发根，使发根蓬松；两鬓抽出发丝烫卷定型，塑造灵动感。饰品选择如同清晨的冰霜一般晶莹剔透、闪耀发光的白水晶，搭配粉色齐胸带微闪斗篷的服装，塑造仿佛从冰霜中走出来的温柔少女形象。

妆容示范

01用修眉刀按照设计好的妆容修理眉毛，清理干净面部。

02用舌形刷将高保湿的护肤乳均匀地涂在皮肤上，用手辅助打圈按摩至吸收。

03用含珠光成分的隔离均匀地涂全脸，增加皮肤的光泽度，塑造透亮底妆。

04用湿润的海绵蛋将保湿型的粉底液在脸上均匀拍开。

05用绿色和肤色混合遮盖鼻翼两侧泛红区域，进行颜色中和。

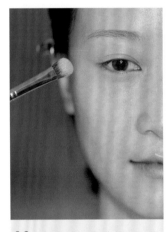

06用橘色遮瑕膏遮盖黑眼圈区域。

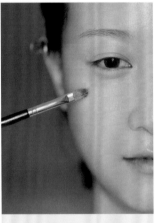

07用浅色遮瑕对泪沟凹陷区域进行提亮。

08在脸上均匀地扫上保湿型散粉定妆。

09用大号晕染刷取银色眼影扫整个眼窝。

10用小号眼影刷取棕色眼影，晕染上眼睑眼尾和下眼睑眼尾区域，着重加深下眼尾。

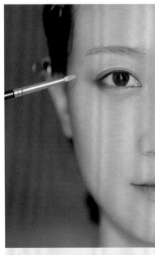

11取小号锥形刷取高光粉，提亮卧蚕区域。

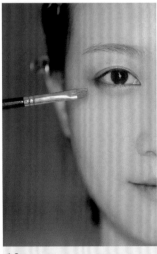

12用眉刷取浅色阴影粉，扫卧蚕提亮区域下边的区域加深卧蚕立体感，增强眼神的无辜感。

13用睫毛夹夹翘自身睫毛，刷上睫毛定型液。

14 用极细睫毛膏刷出根根分明的上下睫毛。

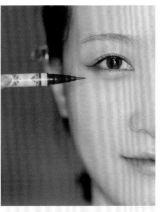

15 用咖啡色眼线笔沿着睫毛根部拉出一条眼线，眼尾先向下压再上扬，塑造微微上扬的眼形。

16 用小号眼影刷取棕色眼影，晕染眼线和下眼睑，并且晕染眼尾使眼线更加自然。

17 用稍浅咖啡色眉笔沿着修好的眉毛，勾勒出弧度自然、略微平直且线条流畅的眉形。

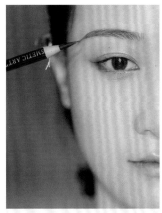

18 用削成鸭嘴形的黑色拉线眉笔，按照眉毛的毛发生长趋势、一根一根勾勒眉毛，塑造自然的眉毛毛绒感。

19 用鼻影刷取阴影粉，加深眼窝和鼻子两侧，塑造立体鼻形。

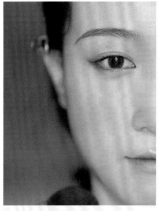

20 用腮红刷取腮红，横向扫脸部中央和鼻头区域，耳垂和下巴也要扫上腮红，塑造被冻过的微微发红的脸部效果。

21 用阴影刷取阴影粉，在颧弓骨下方扫阴影，塑造立体的脸形。

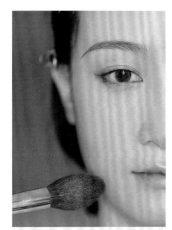

22 用高光刷取高光粉，重点提亮鼻头、山根区域，塑造挺拔的鼻形。额头、苹果肌、下巴、嘴唇上方也扫上高光。

23 用唇刷取水红色口红，薄涂一层勾勒流畅的唇形，在唇部内侧叠加涂抹，塑造自然渐变感的嘴唇。

24 取大颗粒银色偏光闪片，叠加在睫毛和眉梢、鼻尖和上唇峰，塑造霜花晶莹剔透的感觉。

25 调整细节，妆面操作结束。

01 将所有头发打理通顺，然后将前区头发三七分，注意分界线为弧形。

02 将前区较少发量分区的头发向后脑勺发根方向内扣烫卷发根，增加发根蓬松度。

03 将较多发量分区的头发，向内扣烫卷发根，增加发根蓬松度。

04 将烫蓬松的头发打理通顺。

05 将较少发量分区的头发向头内侧拧转，固定起来备用，在鬓边留少量碎发。

06 将较多发量分区的头发再分为3份，梳理整齐，头顶两份夹起备用，另一份向内拧转，在头后并用定位夹固定，注意在鬓边留少量碎发。

07 同样用向内拧转手法固定第2份真发，要注意塑造真发相互叠加层次感。

08 用同样手法固定第3份真发，向内拧转时适当向前推起，视觉上增高颅顶。

09 将步骤05固定备用的头发向内扣卷，方便打卷真发收发尾。

10 将头发按照卷发棒纹理打卷并下一字卡固定。

11 将另外一侧头发用25号卷发棒分缕向内扣卷，按照卷发棒纹理打卷并下一字卡固定。

12 将头发理到一侧，用25号卷发棒分缕向内扣卷，处理出纹理感。

13 在卷烫的头发上喷发胶固定纹理。

14 用25号卷发棒将两鬓碎发烫卷。

15 拆去定位夹，用发胶进行定型。

16 戴上准备好的饰品，造型结束。

"雨"主题造型

 背景分析

　　雨在大多数人的眼中，代表着春天、生命和生机。这里，将雨的形象定义为是一位含情脉脉的灵动少女。

操作要点

　　模特眼下暗沉，有黑眼圈，鼻翼两侧暗沉，皮肤有痘痘和闭口，造型时注意处理。妆容难点在于用粉底膏和遮瑕塑造无瑕的底妆，以及眼妆的处理，眼妆用眼影加强眼睑下至的效果，用眼线加强眼角区域，眼尾用眼影晕开并叠加透明啫喱，唇部叠加透明的唇釉，使唇部更加丰厚且性感。发型烫卷刘海并做对称处理，脖颈抽两缕发丝并用湿推的手法塑造仿佛被雨水淋湿后发丝黏附在身上的感觉。服饰选用象征春天和新生的银杏叶饰品，搭配绿色披帛和吊带裙，点春雨后万物生长的主题。

妆容示范

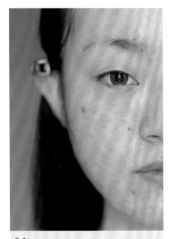

01用修眉刀按照设计好的妆容修理眉毛，清理干净面部。

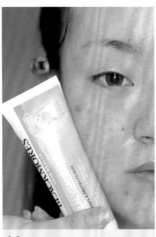

02用舌形刷将高保湿的护肤乳均匀地涂在皮肤上，用手辅助打圈按摩至吸收。

03在粉底膏上面滴上搭配的粉底膏伴侣，使粉底膏更滋润。

04用三角海绵少量多次取粉底膏，反复点按全脸、耳朵、脖颈皮肤并均匀地拍打开，塑造无瑕底妆。

05用橘色遮瑕膏对眼下发青区域进行遮瑕。

06对眼下泪沟区域进行提亮。

07用绿色和肤色遮瑕叠加，对痘痘翻红区域进行遮瑕。

08在脸上均匀地扫上含保湿成分的散粉定妆，用大号晕染刷取浅棕色眼影，刷眼窝区域进行打底。

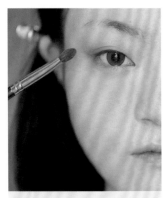

09用小号眼影刷取黑色眼影，晕染上眼睑双眼皮褶线内和下眼睑后半部分。

10用小号眼影刷取棕色眼影，晕染上眼睑睫毛根部和下眼睑睫毛根部后半部分，眼尾区域适当拉长。

11用睫毛夹夹翘睫毛，刷上睫毛定型液。

12用极细睫毛膏刷出根根分明的上下睫毛。

13用黑色眼线笔沿着睫毛根部拉出一条黑色眼线，眼线强调外眼角，眼尾上挑。

14用小号眼影刷取深棕色眼影，晕染眼线和下眼睑，并且晕染拉长眼尾末端，使其呈现为上挑的状态。

15用浅咖啡色眉笔沿着修好的眉毛，勾勒出眉峰并大致确定眉毛的弧度。

16用削成鸭嘴形的黑色拉线眉笔，按照眉毛的毛发生长趋势，一根一根勾勒眉毛，塑造自然的眉毛毛绒感。

17用鼻影刷取阴影粉加深眼窝和鼻子两侧，塑造立体鼻形。

18用腮红刷取腮红，横向扫在脸上，鼻头区域也要扫上腮红。

19用高光刷取亚光高光，重点提亮鼻头、山根区域，塑造挺拔的鼻形。在眼角、额头、苹果肌、下巴、太阳穴区域也扫上少许高光粉，进行提亮。

20用小号眼影刷取偏光高光，叠加涂眼角、山根及卧蚕区域。

21用唇刷取水红色口红，勾勒饱满的唇形。

22用唇蜜叠加涂唇部，增加唇部饱满感。

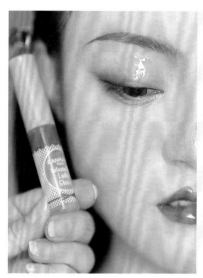

23用透明唇釉叠加涂上眼睑和唇部，塑造波光感，妆面操作结束。

01 将前区头发除刘海区域外中分,后区头顶头发分出一个圆形区域扎起备用。

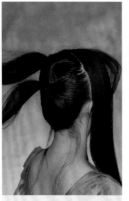

02 将后区剩余头发扎起,后发际线处留两缕头发备用。

03 将头顶扎起的头发均分两份,在合适位置扎起备用。

04 将头发顺箭头方向盘起固定,两侧做对称处理,发尾留下备用。

05 将发尾盘起,用一字卡固定。

06 将前区两侧头发梳理整齐并向后包住侧边,用一字卡固定在头顶发髻两侧。

07 将发尾盘起并用一字卡固定。

08 将后区扎起备用的头发梳理整齐后,向上包住盘发发髻,并用一字卡固定在头顶,发尾部分留出备用。

09 将发尾打卷,喷上发胶,并用一字卡固定在头顶。

10 用25号卷发棒烫卷刘海和两侧碎发。

11 用啫喱将留下备用的两缕头发推出弧度后贴在脖颈和背部。

12 用发胶进行定型。

13 戴上准备好的饰品,造型结束。

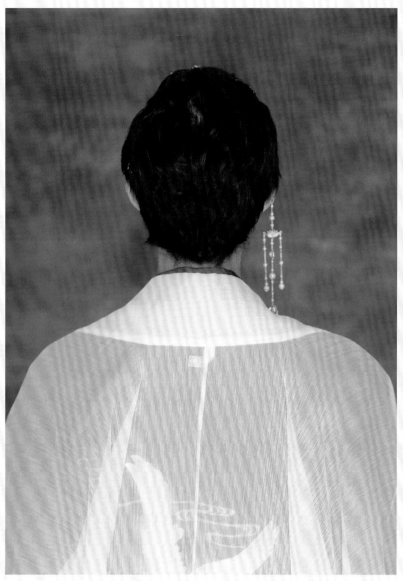

"雪" 主题造型

 背景分析

　　冬日，漫天飞雪，大地白茫茫一片。然而，雪并不是完全冷冰冰的，大雪之后是春的希望，由此为思路，塑造一个坚毅躯壳下有着雪一般洁净眼神和柔软内心，呵护孕育着春的希望的人物形象。

操作要点

　　模特眼下暗沉，鼻翼轻微泛红，造型时注意处理。妆容的难点是对男士妆容清爽干净风格和时尚类妆容的和谐性的把握，重点是用白色睫毛膏和仿雪花刷涂眉梢和睫毛，塑造雪落在眉梢、睫毛上的感觉。发型的难点是对卷发棒和夹板的熟练运用，以及用U形卡辅助固定弧度，使头形更饱满。选用银色的流苏饰品，搭配深蓝色和白色披风与宽松的衬衫，深蓝色披风若隐若现，仿佛在冰雪覆盖下的冰湖，孤寂冷漠，却又暗潮涌动。

妆容示范

01 模特素颜皮肤较好，眼下略暗沉。

02 用护肤乳均匀涂抹皮肤至吸收，做好前期护肤工作，使后续底妆更为服帖。

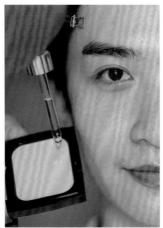

03 在粉底膏上面滴上搭配的粉底膏伴侣，使粉底膏更滋润。

04 用三角海绵少量多次取粉底膏，反复点按全脸、耳朵、脖颈皮肤并均匀地拍打开，可多叠加几次，塑造雪白的肌肤。

05 用橘色遮瑕膏对眼下发青区域进行遮瑕。

06 用橘色遮瑕膏对胡茬发青区域进行遮瑕。

07 用保湿型散粉点按全脸，进行定妆。

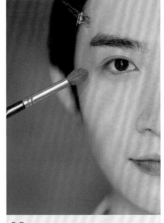

08 用大号眼影刷取浅棕色眼影晕染整个眼窝，增加眼睛立体感。

09 用中号眼影刷取棕色眼影，加深双眼皮褶线内和下眼睑后1/2的区域。

10 用黑色眼线笔在眼珠上方至眼尾的睫毛根部细细勾勒一条内眼线，填补睫毛根部空隙，到眼尾结束即可，不需要拉长。

11 用睫毛定型液从睫毛根部刷到末梢，增加睫毛浓密度，同时使妆感更自然。

12 用浅棕色眉笔勾勒眉毛轮廓，塑造有棱角、坚毅的眉形。

13 用削成鸭嘴形的黑色拉线眉笔，按照眉毛的毛发生长趋势补齐眉毛缺失区域，塑造自然的眉毛毛绒感。

14 用鼻影刷加深眼窝和鼻子两侧，塑造挺拔、立体的眉骨、鼻形。

15 用阴影刷取阴影粉，扫颧弓骨下方，加深面部轮廓。

16 取亚光高光膏刷眉骨、山根、鼻头、颧骨、下巴、额头区域，使面部轮廓更立体。

17 用豆沙色亚光唇膏笔在嘴唇上薄涂一层，塑造自然唇色。

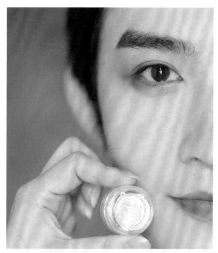

18 取银色偏光眼影点涂唇峰。

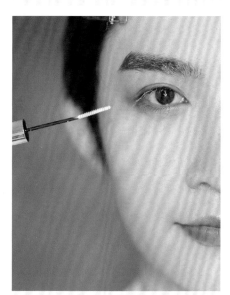

19 在睫毛末梢和眉毛末梢用白色睫毛膏扫上白色膏体。

20 将仿真雪花用睫毛胶水粘在睫毛末梢和眉毛上。

21 调整妆容细节，妆面操作结束。

发型示范

01 将真发Z字形三七分，理顺头发。

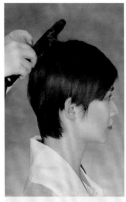

02 用25号卷发棒从头顶上方依次向分区扣卷，将前区真发烫卷。

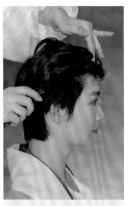

03 烫至发际线区域时，将卷发棒在发根处停留，使前区发根可以立起来。

提示 用卷发棒贴发根烫发时，可以用另外一只手隔1cm左右辅助托在前侧，防止烫伤模特。

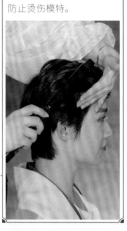

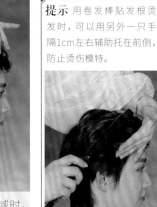

04 用手梳理发际线处的真发，然后喷上定型发胶，使真发发根有纹理且蓬松。

05 调整真发纹理，可以用U形卡辅助定型，喷上发胶固定。

06 将另外一侧头发向外翻卷，视觉上增加颅顶宽度。

07 用手抽出适当弧度的纹理，喷上发胶定型。

08 用弧形夹板将后区头发烫出纹理，然后用手抓蓬松。

09 调整好形状后喷上发胶定型。

10 将后发际线附近的头发用夹板向上卷起，塑造有些飞起效果的发尾。

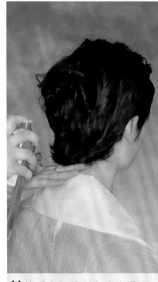

11 将后发际线所有头发烫卷，调整好形状，喷上发胶定型。

12 拆去定位夹和U形夹，再次用发胶进行定型。

13 戴上准备好的饰品，调整细节，造型结束。

古风饰品制作

第九章

在做造型时，经常出现买的饰品不能完全满足造型需求的情况，这就需要我们学会制作饰品，以便更好地展示造型设计理念与思路。在实际生活和工作中，通过对一些老旧饰品的拆解再利用可以节约造型成本。此外，动手制作饰品可以在一定程度上加深我们对古文化的了解，并在动手中提高自我审美。本章，就古风化妆造型中一些常见类型饰品的制作进行讲解与分析。

单簪（金属流苏）

单簪在补充造型饰品细节上有很大作用，常见的有带流苏与不带流苏两种。本案例示范一款带流苏的单簪。

使用材料： 金属单簪、玛瑙珠、金属配件、九针、胶水、钳子、剪刀等。

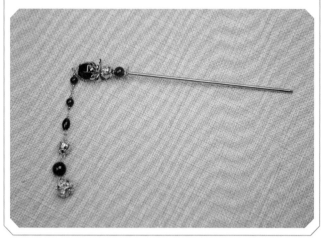

操作过程

01 将小的花托反向穿在金属单簪上。

02 将玛瑙珠和配件按照设计好的顺序穿在金属单簪上。

03 继续依次穿其他玛瑙珠和配件。

04 取一个九针，用剪刀修剪至合适长度。

05 取一个小花托，涂上胶水并反向穿在最后一个大的玛瑙珠上。

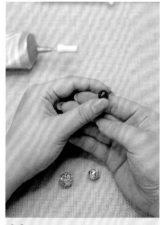

06 取一个修剪好的九针穿一颗玛瑙珠。

07 根据珠子大小调整至合适长度后，用镊子将九针末端弯成一个圆形。

08 在端口的圆形中错开穿上一个九针。

09 将需要的珠子按照设计好的顺序用九针串起来。

10 将单簪末端九针和流苏九针穿起来，结束操作。

绢花发夹

在古风造型中，绢花（使用绢纱制作的假花）的使用率是非常高的。本案例示范一款绢花发夹。

使用材料：绢花、圆头针、玛瑙珠、发夹、剪刀、钳子、热熔胶等。

◀ **操作过程** ▶

01 将准备好的绢花最后3层花瓣取下来备用。此朵绢花的花心设计不太符合需求，所以取掉暂不使用。

02 将准备好做花心的另一朵绢花用剪刀剪下花心，方便后续组合。

03 根据设计好的方案效果，把绢花花瓣和花心组合在一起，看实际搭配效果是否能达到需求。

04 取一根圆头针，在针上穿上一颗粉色玛瑙珠，穿过组合好的绢花后收紧。

05 使用钳子弯曲圆头针，使之固定在发夹上。

06 依照步骤01~05的操作继续固定另外一朵。

07 在绢花和发夹中间上热熔胶，使粘贴更牢固。

08 按照以上方法做另外一个绢花发夹，结束操作。

流苏发梳

由梳子衍生出的发梳饰品，主要作为装饰品。本案例示范一款流苏发梳。

使用材料：发梳、金属配件、圆头针、九针、贝壳花、玛瑙珠、珍珠、胶水、钳子等。

01 使用圆头针穿过珍珠、贝壳花和发梳，并固定在发梳上。

02 在发梳的一侧拴上铜丝固定紧。

03 在铜丝上按顺序穿好玛瑙珠等配件。

04 将铜丝另一端固定在发梳的另外一侧，注意调整对称性。

05 在前几步的固定的位置使用胶水点涂加固。

06 取一根九针，穿过珍珠后，用钳子将九针反向弯一个圈。

07 使用圆头针依次穿过玛瑙珠、金属配件，然后将九针反向弯一个圈。

08 继续用九针按设计穿其他配件。

09 将前一步按照做好的流苏用钳子弯九针连接在发梳上。

10 按照前面方法做其他流苏，并将做好的流苏组装好，结束操作。

提示 要学会利用金属花片的花纹空隙组合流苏和配件。

流苏小玉簪花

古人除了使用绢纱类制品制作仿真花，也常常使用玉石磨成花瓣，再拼成花朵形状，使四季皆有芳菲。本案例示范一款小型流苏玉簪花。

使用材料：玛瑙珠、珍珠、贝壳花、金属配件、流苏扣、栓丝、钳子、胶水、绒线、剪刀、打火机、针等。

◀ 操作过程 ▶

01 取一根玉簪花栓丝，穿过一颗3mm的镀金珠，并用镊子拧成一束。

02 在拧好的栓丝上穿过一朵小的贝壳花。

03 取玉簪花栓丝，穿过一片贝壳花花瓣，并用镊子拧成一束。

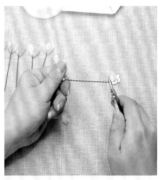

04 将其余花瓣都用栓丝拧好。

05 取一根玉簪花栓丝，穿过一颗珍珠，然后用镊子拧成一束，在拧好的栓丝上穿贝壳花做成一个小的花枝。

06 将步骤04做的花瓣和步骤02的花心组合在一起，并用绒线缠紧。

07 缠绕到底端后，上一点胶水，剪去多余线头并固定紧。

08 将花瓣形状调整到满意程度，放置备用。

09 使用绒线将步骤05的贝壳花缠紧。

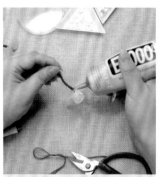

10 在所有配件的绒线相接处点涂适量胶水，使连接处更加牢固。

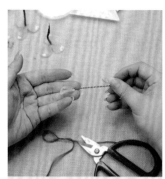

11 取一片栓丝绑好的玉簪花瓣，准备用绒线缠绕。

12 缠绕一段后穿上一个流苏扣，然后继续用绒线缠绕。

13 依次缠上其他花瓣配件，在连接处可以多缠绕几圈固定。

14 将所有的花瓣都缠紧后，检查末端收尾处是否缠得足够紧。

15 缠绕到底端后再反向缠几圈，确保没有栓丝漏出来，涂上一点胶水，剪去多余线头并固定紧。

16 对于一些小的线头，可以用打火机飞快地扫一下。

提示 绒线缠绕一定要比较紧，否则后续容易松线，导致花瓣形状散乱。

17 调整花瓣弧度及花枝形状，玉簪花就制作好了。

18 准备一根比较细的针，穿上线并在末端打结。

19 将玛瑙珠和珍珠等按照设计好的顺序用针线穿起来。

20 将线固定在流苏扣上，打死结。

21 依次将剩下的流苏穿好并固定，结束操作。

大玉簪花

玉簪花样式繁复华丽，制作大玉簪花需要提前设计好花样和组合顺序，并进行组装。本案例示范一款大玉簪花。

使用材料： 玛瑙花瓣、珍珠、栓丝、金属配件、绒线、钳子、胶水等。

◀ 操作过程 ▶

01 按照设计，对花瓣进行颜色、大小的分类，方便后续操作。

02 取一根0.3mm的镀金铜丝穿上珍珠，并用钳子拧紧。

03 依次拧紧做5个，组合成一个花蕊，注意梗长度要差不多。

04 用同样的方法将所有的花蕊穿好，并放起来备用。

05 用镀金铜丝将5个横孔贝壳花花瓣依次穿起来，然后用钳子拧紧。

06 用栓丝穿玛瑙花瓣并拧紧备用。

07 将所有的玛瑙花瓣绑上栓丝，摆好备用。

08 取玛瑙花瓣和珍珠花蕊组合好并用绒线绑起来，点上胶水备用。

09 将花蕊和第1层花瓣的栓丝用绒线缠紧，缠绕6~7mm即可。

10 将第2层花瓣用绒线均匀地缠绕紧在第1层外面，同样缠绑6~7mm即可。

11 依次缠上第3层花瓣，可以根据实际情况增加或减少花瓣，使花朵形状更饱满。

12 调整花蕊、花瓣，使花朵形态更加优美，在每层花瓣衔接处点上胶水固定，调整好形状后放置备用。

13 取一根栓丝绑上珍珠，依次穿过准备好的金属花蕊、贝壳花花瓣、金属花托，连接处点上胶水备用。

14 按照做花蕊的方法制作几束颤珠，然后放置备用。

15 将做好的花朵栓丝上缠上绒线，放置备用。

16 将缠好绒线的玉簪花两两组合并用绒线缠好，放置备用。

17 将颤珠和缠好绒线的玉簪花用绒线缠好，放置备用。

18 按照设计将做好的各部分花朵一一组合起来。

19 为了增加层次感，可以分别组装成几个部分后再统一组装。

20 统一组装后，末端的栓丝会粗一些，需要将绒线缠紧，保证牢固性。

21 缠到末端时，点涂上胶水。

22 在胶水上继续缠绒线，多缠绕几次保证牢固性。

23 在连接点点涂胶水保证牢固，调整花枝、花瓣，使玉簪花形态更美，结束操作。